ワインの
新スタンダード

ワイングラスはもう回さない

15 Stories for
a Smart Approach
to Wine

石田 博

世界文化社

まえがき

「ワインなんか勉強しているの？ ソムリエになってどうするの？」

当時、漫画『ホテル』が大ヒット、その主人公の影響もあり、新卒の誰もがフロント志望のなか、ソムリエはあまりにもマイナーでした。

「スマートなホテルマンになってください」というホテル学校の先生からのメッセージが深く心に残っていました。入社してスマートな先輩を見つけ、「この人を見習えばスマートなホテルマンになれるぞ」。そしてその方がソムリエでした。以来、「スマート」は私にとって大切なものになっています。

当時、ワインがここまで世界において重要な飲み物になるとは思いもしませんでした。学生時代、大変不真面目で、特に英語の授業は途中で出ていったこともあるくらいです。「そんな石田が…」と同級生に呆れられました。「ラーメン屋のせがれで、なんのマナーも教えてないのに、ソムリエになんかなって大丈夫なのか」と父は心配するほどでした。

ワインを学ぶうちに、語学、見識、マナーを身につけることができたのです。

●なぜワインなのか？

食事には3つの目的があります。「済ます」、「味わう」、「楽しむ」です。「楽しむ」は料理に加えて、雰囲気や空間、時間、食卓を共にする人、サービスが求められます。ワインはこの「楽しむ食事」に大変相応しい飲み物です。

ワインを学んでよかったことを、多くの人が、「繋がり」といいます。ワインはさまざまな繋がりをもたらしてくれます。ワインを学んで30年になろうとしていますが、とうてい出会うことのないはずの人たちと繋がりをもつことができました。ワインを介して国籍や職業を超えた対話ができるのだと思います。

●ワインのなぜ？

ワインの飲み方、買い方、レストランでのマナー、ソムリエとの付き合い方…。コンビニでも、駅の売店でもワインが買えるようになった今日、「今さら聞けない」と感じながらも、疑問が解けていないことは少なくないと思います。

本書では、ワインが欠かせない会食のスマートなホストの話から始まり、なぜワインなのか、ワインのなぜについて、お話ししたいと思います。ある普通のビジネスマンが登場します。ワインにまつわる様々な場面、状況でワインを徐々に理解し、楽しむことを覚えていきます。

「フランス人は英語が分かってもフランス語でしか話してくれない」と、いまだに思っている方が多くいらっしゃいますが、今、フランスに行けば、それが全く違うことが分かります。どんなに流暢なフランス語で話しかけても、英語で返ってきます。ひと昔前の変化がワインの世界にも多数あります。

読者のみなさんの「なるほど！」、「そうだったんだ！」、「へぇー！」、「やっぱり！」という一言を想像しながら書きました。ぜひ、楽しんでください。

ワインの新スタンダード　目次

基礎 LECTURE

ソムリエ TALK

ソムリエ *Memo*

I

アペリティフ

アペリティフは何をオーダーする?

品質向上が目覚ましい
世界のスパークリングワイン。

シャンパーニュは
本当にどんな料理にも万能なのか。

今日は接待の会食仕切り役。こういうのは得意じゃない。それもメインゲストは気難しい方。肩の凝らないフレンチがいいとの上司のアドバイス。シェフもソムリエもそれなりに有名。値段の割には雰囲気もいいし、いい店がとれて、一安心。上手くいく、はずだった。

ところが、約束の時間から15分経っても先方が現れない。「どうなっているんだ?」と上司から急かされる。店に電話が入った。場所が分からないらしい。タクシーが指定の住所に停まるとマンションのエントランスだったという。レストランはその高級マンションの1階にあり、エントランスまでは車が入ってこられないところだった。30分過ぎてようやく到着。不機嫌な様子のゲスト。タクシーを降りた後、周辺を歩き回ったという。

こわばった表情の上司がテーブルへと促したが、そんな時に限ってレセプションの人は電話応対で動けない。電話が終わるまで待つはめに…。

やっと席に着くと、「お食事前の飲み物はいかがいたしましょうか?」とソムリエ。「何がよろしいですか? ビール…」とゲストに問いかけたところで、「シャンパンがいいんじゃないのか」と上司。

「イギリスのスパークリングワインをグラスでご用意しています」とソムリエ。「ではそれで…」。シャンパンっていったのに、スパークリング、それもイギリスって、ワインを造っていたんだ。

基礎
LECTURE

おもてなし、初めよければすべてよし

会食には様々な目的があると思います。接待、デート、記念日、お祝いと主旨や動機は違ってもホスト（幹事）役の方は参加者をもてなす、という意識がとても大切です。それを義務として捉えるのではなく、もてなすことで相手に喜んでもらう、いい時間を共にするいいチャンスと捉え、楽しむ気持ちをもつとさらにいいと思います。そういう意味では接客業の人間と同じ役割、感覚をもつことともいえるでしょう。そして、ソムリエはホストのアシスタントです。

ポイントは気配りに尽きます。いかに細かなところまで気配りするかで、もてなしの成功は決まってきます。面倒とは思わず、ぜひ相手を気遣ってみてください。そのうち、それが喜びに感じられるようにもなるでしょう。

まずは店選びです。相手との関係性に合わせた店にすることが大切です。相手の役職が高い接待では、事前に秘書に好みの店や食事のジャンル、嫌いなものを確認しておく方もいると聞きます。非常にレベルが高いです。鴨が好きではない方を鴨の名店にお連れしても喜ばれるはずがありません。

女性を同伴する場合には事前にどんな店に行くかを知らせておくのも大切です。「サプライズでゴージャスな店に」は、一見楽しそうなアイディアですが、「前もって言ってくれればいいのに。こんな格好で恥ずかしいじゃないの」ということになりかねません。

待ち合わせも店とその立地を考慮する必要があります。分かりやすい場所なのか否か、入り口が分かりにくいということもあります。そんな場合には近くの分かりやすい場所（車が停まりやすい）を待ち合わせに指定するといいでしょう。

店で待ち合わせの場合は、着いたらテーブルを確認して配席をイメージしておくのもスムースな案内のためにはとてもいいと思います。

テーブルに着くとまずはアペリティフです。ゲストの好みが大切です。今回のように散々歩かれて到着されたのであれば、「喉が渇いていらっしゃいますよね。まずミネラルウォーターになさいますか？」というのも気が利いていると思います。

基本としてはシャンパーニュもしくはスパークリングワインが最適です。人数が4名以上であればボトルもいいです。ワインリストやグラス・シャンパーニュの価格をチェックしておくといいでしょう。「お客様が到着されてから決めますが、（リストの）このあたりのボトルをオーダーするつもりです」とソムリエに伝えておけば、速やかによく冷えたシャンパーニュをサービスしてくれるでしょう。

ソムリエTALK

アペリティフ、世界のスパークリングワイン

「アペリティフには何をオーダーしたらいいのですか?」と以前は多くの方が疑問をもっていましたが、今日ではそんなことはないように思います。「とりあえずビール」の感覚で好きなものを頼まれればいいのです。

アペリティフの定番はスパークリングワインです。日本でもスパークリングワインは大変人気で、ここ数年(2016〜2018年)スティルワイン(白、赤など、通常のワイン)の販売量は伸び悩んでいるなか、スパークリングは好調で継続的に販売量が伸びています。

若い層に人気なのも特徴的です。糖質を控えたいという心理から、カクテルよりもスパークリングワインを選ぶということもあるようです。

日本で販売されるスパークリングワインのトップの生産国はフランスです。日本は世界有数のシャンパーニュ消費国で、世界第3位(2018年)の市場となっています。ワイン全体では15位ですから、日本人のシャンパーニュ好きはかなりのものです。プレステージ(ブドウ、ベースとなるワインを選りすぐり、6〜8年の長い熟成を経たもの)やロゼといった高額シャンパーニュがよく売れています。次いでスペイン、イタリアと続きます。この3

カ国は鉄壁といわれ、攻勢をかけるオーストラリア、チリ、メキシコといった生産国を寄せつけません。

　世界でもスパークリングワインは大変人気で、多くの生産国がスパークリングワイン造りに注力しています。フランスではシャンパーニュに加え、クレマン・ダルザス（アルザス地方）、クレマン・ドゥ・ブルゴーニュを中心に各地でスパークリングワインが生産されています。

　スパークリングワイン、イコールシャンパーニュという認識は、日本はもちろん世界的にも同様です。ローマ時代の地下セラー、フランス歴代国王の戴冠式、歴史を彩るセレブリティとの関わりといい、シャンパーニュはその華々しい歴史とストーリーと共に別格の存在となっています。祝いや特別なオケージョンには欠かせないワインとなっていることはごく自然なことといえます。

　また大手メーカーのたゆまぬブランディングもその名声に大きく寄与しています。大手メーカーに対して、「レコルタン」と呼ばれる、ブドウ栽培からシャンパーニュ造りまで手掛ける生産者の台頭も、そのヴァリエーションに貢献しています。日本では一時期、彼らを「ドメーヌ・シャンパーニュ」というカテゴリーで呼んでいましたが、海外では通じませんので、「レコルタン・シャンパーニュ」、「グローワー・シャンパーニュ」と覚える方がいいでしょう。レコルタン・シャンパーニュは、「ワインらしさ」があるといわれ、造り手による違いがより明確に表れます。一部のレコルタンにはカリスマ的存在もあり、高額で取引されています。

　イタリアではロンバルディア州のフランチャコルタが大変有名で品質も高く、シャンパーニュに引けを取りません。トレンティーノ＝アルト・アディジェ州のトレントも近年日本で多く紹介されていて人気です。そして世界的にも非常に人気なのがヴェネト州のプロセッコです。グレーラというブドウ品種から造られ、香りが華やかで酸味も優しく、親しみやすさが魅力のワインでイギリスやアメリカなどワイン大消費国や日本でも大変売れています。価格が低いものが多いのでカジュアルに楽しめるのも人気の要因です。スパークリングワインを使ったカクテルとして有名なベッリーニ（スパークリングワイン＋ピーチジュース）の定番はこのプロセッコです。

　スペインではカヴァがスパークリングワインの代名詞的存在で、主に地中海沿岸のカタルーニャ地方で生産されています。パレリャーダという品種から造られる、クリーンな風味、ドライで、酸味とヴォリュームの調和がとれた味わいです。カヴァもヴァリューのある価格が魅力ですが、高品質な高級スパークリングワイン造りも進んでいて、チャレッロという品種を主として使った、力強い味わいのカヴァが注目されています。

　近年の注目を集めているのはこれまで寒冷な気候からブドウの十分な成熟が望めなかった生産地です。英国南部のケント、サセックス、ハンプシャー、サリーといった州から秀逸なスパークリングワインが生まれています。

気候、土壌などがシャンパーニュ地方と類似していると、シャンパーニュの大手メーカーが進出を果たしているのも注目です。ただ生産量が多くないこともあり、価格が高めです。

カナダのノヴァ・スコシア州からも素晴らしいスパークリングワインが生まれています。ニューヨークでワインを造っている人も、「ノヴァ・スコシアでワインができるの？」と驚くほど、ワイン産地というイメージがもてない寒冷な地方です。シャンパーニュと同様のブドウ品種を使って、同様の製法で本格的なスパークリングワインを産出しています。ノヴァ・スコシアはオイスター、ロブスターが名産ですから、ペアリングも楽しめます。

オーストラリアからも秀逸なものがタスマニアと南オーストラリア州のアデレード近郊で造られています。特にタスマニアはスパークリングワインのメッカといってもいいでしょう。高品質なワインを生産するワイナリーがひしめいています。タスマニアも牡蠣が名産です。

チリのスパークリングも伸びています。スティルワイン同様、リーズナブルな価格とその品質が魅力です。パイスというチリワイン草創期にヨーロッパから持ち込まれたブドウを使ったというストーリーのある良質なロゼ・スパークリングはお勧めです。

日本のスパークリングワインも人気を集めています。甲州種を使った瓶内二次発酵により、高品質なものが産出されるようになり、いくつかの銘柄はリリース早々に完売という状況になっています。

ソムリエ
Memo
I

理想のシャンパーニュグラスとは

スパークリングワインのグラスの変化はワインよりもはるかにダイナミックです。

古くは「ポンパドール」もしくは「マリー・アントワネットの乳房」と称されたというボウル型のグラスがありました。グラスに脚はなく、台座におくというものもありました。それがクープと呼ばれる盃型に脚がついたグラスが使われるようになりました。日本でもしばらくの間、ホテルの宴会場などではこのグラスがシャンパーニュグラスとして使われていました。

表面積が大きいクープはガスが抜けやすいという特徴がありました。しかし、発泡酒はゲップが出てしまうとして、それをかき回す専用のマドラーまであったくらいですから、社交界のパーティーではかえってそれがよかったとも考えることができます。またグラスを少し傾けるだけで（アゴを上げずに）飲むことができるので、デコルテのドレスを着ている時には、よりエレガントに振る舞えるという点においてもよかったのでしょう。

現在ではこのクープグラスはほとんど使われなくなりましたが、その名残からグラス・シャンパーニュをフランス人は未だに「クープ」といいます。

やがて、フルートと呼ばれる細長いグラスがシャンパーニュグラスの定番となります。表面積が小さいので、泡のもちがいいのと、細長い分、泡が立ち上る様子を楽しむことができます。これは今でも最も多く使われています。

徐々に増えてきているのは、ワイングラスに近いフォルムのものです。「ワイングラスでサーブして欲しい」とリクエストするシャンパーニュの生産者も珍しくはなくなっています。

フルートグラスは泡のことを重視したものです。また酸味が強いワインはスリムなフォルムのグラスのほうが酸味がより快適な印象になります。シャンパーニュやスパークリングワインは多くの場合は酸味がしっかりしていますので、そういう点では理にかなっています。

しかし、今日スパークリングワインは爽やかさと泡立ちを楽しむだけではなく、より香りや味わいの豊かさを楽しめるものが増えてきました。そういったスパークリングワインはワイングラスのように丸みのあるフォルムがいい、という考え方が広がっています。シャンパーニュメーカーが製作するフルートグラスも以前より丸みのあるフォルムになっています。長期熟成を経たヴィンテージ・スパークリングワインは、赤ワイングラスでサーブされるようにもなっています。

とはいえ、贅沢気分を味わうのであれば、グラス下部は細みのもののほうが泡立ちもキレイで、エレガントです。表面積が広く膨らみがあり、下部が細くなった美しいフォルムのグラスが、泡立ち、ワインとしての品質、そしてラグジュアリーな気分を楽しめる理想的なグラスといえるでしょう。

ソムリエ
Memo
2

シャンパーニュがどんな料理にも合うとは限らない

シャンパーニュは料理を選ばないといわれます。確かに非常に幅広く料理と合わせることができるのですが、何にでも合うというわけではありません。

先述の通り、香り、味わい共に豊かなシャンパーニュが多い昨今では、その個性が際立っている分、合う合わないがあるのです。シャンパーニュとキャヴィアといえば、クラシックな組み合わせですが、すべてのシャンパーニュが合うとは限りません。シャンパーニュは黒ブドウと白ブドウをブレンドしますが、黒ブドウの個性が強く出ているシャンパーニュはキャヴィアとの相性は難しいです。

とはいえ、シャンパーニュとキャヴィアというのは、特別な贅沢気分を堪能するものですから、例えばドン・ペリニヨンは黒ブドウのブレンド比率が高いのですが、キャヴィアと味わうとやはり格別な気分になるのは理解できます。

シャンパーニュは主にイタリアン、スパニッシュといった地中海料理など南方系の食材（トマト、レモン、ニンニク、アンチョビなど）を使ったものと合わせるのは難しいです。ブイヤベース、バーニャカウダ、パエリヤ、アヒージョ、セビーチェなどポピュラーな料理とはシャンパーニュの強い酸味が悪い方向にいってしまいます。こういった料理にはイタリアやスペインのスパークリングワインのほうが楽しめます。

フランスのワイン産地としては珍しく、シャンパーニュ地方にはこれといった郷土料理がありません。そのせいもあって、シャンパーニュ地方のレストランのメニューには、トマトやズッキーニなどが躊躇《ちゅうちょ》なく使われています。「やっぱり合わないよな」と一人ぼやきながら、食事をした思い出があります。

キャヴィアもそうですが、シャンパーニュは気分が大事なものなのでしょう。

2

料理オーダー

会食成功のコツは下調べと店選び。

料理オーダーに必要なのは
ワインリスト。

複数の異なる料理に最適なワインとは?

「へぇ、このスパークリングワインうまいものだね。シャンパーニュと変わらないじゃないか。イギリスでもワインができているなんて驚きだよ。いいもの教えてもらったな。ありがとう」

やった！　機嫌を直してくれた。ここからしっかり挽回だ。

「こちらのシェフは牡蠣を得意としていまして、最初のアミューズの牡蠣料理が名物なんです」

「私は、牡蠣は食べないんだよ。以前あたってね。それ以来、やめている。秘書が伝えているはずなんだが…」

しまった!!

また雰囲気がまずくなってしまった。すぐにサービス担当にその旨を伝えて違うものを用意してもらうよう頼んだ。つくり直しのせいか、たっぷり待たされた後、ゲストに出てきたのは葉野菜だけの小さなサラダ。我々はスペシャリティの牡蠣。キャヴィアまでのっている。明らかに気まずい。

「どのコースメニューにしましょうか？　このシェフお勧めコース、よさそうですね」

「本日のメインディッシュは〝国産鳩のロースト 内臓を使ったサルミソース〟でございます」

「私は鳩もダメなんだ。あとレバーや臓物系も苦手でね」

「あ、あのメインディッシュを他のものにできませんか？」

「シェフが全体のバランスや流れをみてコースメニューをつくっていますので、このコースは変更はいたしかねます。こちらの特選コースでしたらメインは牛肉でございます」

明らかに予算オーバーの価格だ。曇った表情で同席の上司をチラ見すると、ゲストから「いいよ、いいよ、高いコースにしなくても。アラカルトがあるなら、そこから選ばせてもらおうかな…」と。

「テーブルの皆様でご注文は揃えていただきたいのです。料理の仕上がり時間もばらつきますので…」

色々言ったせいか、店の対応が冷たくなった気がする。他のテーブルには挨拶や料理説明をしたりしているのに、ウチのテーブルにはシェフは来ない。何よりゲストは気のない返事くらいしか口を開かなくなってしまった。

基礎
LECTURE

楽しむための料理オーダーのコツ

料理のオーダーは美味しいもの好きには楽しいものです。ワインのオーダーにも共通することですが、食べる量、予算、好みにかなったオーダーを心がけたいところです。料理のオーダーで細心の注意を払うべきは、食材の制限です。その場で、相手の食べられない食材を出してしまっては、せっかくのおもてなしも、腕のいいシェフの料理も台無しになってしまいます。前もって、食材制限の有無、不可な食材を確認し、店に伝えておくことが大切です。フレキシブルに対応ができる店なら予約の時点で聞かれることもあります。

急な食材変更のリクエストは、時間がかかってしまったり、店側も気の利いたものにしたくても、その後のコース料理に使う食材は使えないので案外と難儀なものなのです。

食材制限が多い方をもてなす場合は、それを踏まえた店選びが大切です。たとえばバター、クリームがだめ、フォワグラ、鴨や鳩、鹿、さらに羊もだめとなればフレンチ自体選ぶべきではありません。また、シェフで知られる店というのはコースメニュー1種だけというケースが多いので食材制限の多い方をもてなすには向いていません。

コースメニューが複数ある、もしくは料理が選べるようになっている、またはアラカルトが充実した店がいいでしょう。もちろん、事前に伝えればきちんと用意してくれる店もありますから、予約の時点で色々と聞いてみて、対応のよし悪しを見定めておくのも大切です。量も重要です。どんなに美味しい料理も、キャパシティオーバーでは苦しい記憶にしかなりません。一皿ごとのポーション、皿数を事前に確認しておくことです。

料理によっては減らせるものもありますが、フレンチやイタリアンではメインの魚や肉料理はポーションを決めて調理しているので、半分にカットして焼く、といったことが難しく、小さめに見えるものを選んで出してくれる程度で、中国料理の小盆、中盆のように明確に量を変えることに無理があります。

そういった意味では、食事制限、制約がある方をもてなす場合はよく知っている店か、事前に食事をするなど下見をしておくことも会食成功の大きなポイントです。その店の常連ともなれば、通常よりも融通を利かせてくれます。常連の店をいくつかつくっておくのも達人の域だと思います。

ソムリエTALK 2

オールマイティなワインとは

ワイン選びは料理のメニュー選びから始まっているともいえます。レストランでは料理に合ったワインを選ぶのが基本ですから、食べたい料理、飲みたいワインを踏まえつつ、選択することも考えられます。

「前菜のフォワグラは魅力的だなあ。でもスタートはドライで軽快な白ワインを飲みたいから、フレッシュな魚介を使った前菜にしておこう」といった具合です。

また、「乳飲み仔羊のローストがお勧めかぁ。そんな季節だな。ちょうどよさそうなヴィンテージのボルドーがリーズナブルな価格である！」。これも大変高度でセンスがいい感じがします。

メニューと同時にワインリストを手元においておくのはホストらしくて、とてもいいと思います。パリの名店タイユヴァンでは以前、観音開きになっている料理のメニューを開くとワインリストになっているという大変画期的なものを使っていました。料理を考えながら、それに合ったワインがあるか見ることができます。逆に、ぜひ飲んでみたいワインを見つけたら、それに合いそうな料理を考える、ということもできます。

料理と相性のいいワインを勧めるソムリエ

として悩ましいのは、ご注文いただいた料理がバラバラであることです。そこをなんとか最大公約数的なワインを選び、お勧めするのがプロの腕の見せどころではありますが、なかなか難しく、結局は無難なワインにするか、相性よりお客様の好みを優先させたものになります。

そういった意味では料理を揃える、というのは相性のいいワインを選ぶうえで大きなポイントになります。これは相性だけでなく食卓の喜びを分かち合うという点においても大切なことです。席に着くメンバーが同じ料理を味わい、美味しさ、ワインとの相性を共有することが団欒といえるものだからです。

以前、田崎真也さんにコンクール優勝のお祝いでお招きいただいた時のことです。妻は大好きなフォワグラのソテーを注文しました。田崎さんは少し迷われていましたが、やはりフォワグラを注文しました。当時、田崎さんは健康管理の理由から高カロリーなものを控えていたのです。それでも料理を揃えてくれたのです。ワインはフォワグラに合わて、シャトー・ディケム1989を選んでくださいました。

皿数を揃えるのも大切です。ゲストが食べていないのに周りは食べている、というのも変なものです。

話を戻して、複数の異なる料理に合わせる無難なワインとしてはボルドーの赤ワインがその筆頭に挙げられます。特にカベルネ・ソーヴィニヨンを主体としたものです。「カベルネは渋みが強いのだから、野菜や魚料理にはワインが勝ってしまうのでは？」と疑問に思われる方も多いでしょう。渋みとはいわゆる刺激であり、味覚要素ではありません。料理に影響をより強く与えるのは味覚要素ですから、渋みは強くとも上品な味わい（なめらかで、バランスのいい）のボルドーが料理を負かしてしまうことはあまりないのです。

ボルドーの赤はハーブやスパイスを多用した料理とも合いますし、グリル、ソテー、ロースト、煮込みと様々な加熱法とも問題ありません。飲み手の嗜好にも合わせやすいと思います。

白ワインであれば、シャルドネがいいでしょう。ドライでありながら、厚みのある食感をもっていますし、深みがある分、包容力もあります。注意すべきは、木樽の風味（バニラ、トースト、スパイス）です。木樽の風味の強いものは軽めの料理には難しいです。木樽が抑えめのシャルドネを選びましょう。

また大雑把なくくりですが、ビオワインも香り、味わいに丸みがあることから料理とバッティングすることが少ないです。

コース料理の流れについても昨今は難しくなっています。コースメニューというと古くは前菜、スープ、魚、肉という構成でした。つまり、段々とワインを強いものにしていけばよかったのですが、前菜とメインではコースメニューとも思ってもらえない現代ではそうはいきません。前菜2～3皿、魚、次に小さなひと品、肉料理といった構成が多くなっています。10皿、13皿、それ以上という店もあります。

当然、コースメニューの流れは、強弱の起伏に富んだものになります。味のしっかりした料理の後に軽い料理がくるのです。重いワインの後に軽いワインを出さないというセオリーが通用しなくなっています。また皿数が増えることの問題は白ワインが続いてしまう、ということです。現代の料理は軽く、繊細ですから、赤よりも白ワインの出番が多い。それが何皿も続くと、メインディッシュの肉料理までずっと白ワインとなるのです。白ワイン好きの方ならそれでいいのですが、大抵の場合は飽きられてしまいます。ロゼやオレンジワイン（果汁のみを発酵させる白ワインに対して、白ブドウを皮ごと漬け込み発酵させることにより、果皮の色素、芳香成分、タンニンを抽出させたワイン。色調がオレンジ〜アンバーであることからその名がついた）をソムリエが好んで使うのはそんな背景があります。コースの中に、ロゼやオレンジを組み込むことで、流れにリズムがついて楽しさがアップします。

さらに昨今の新しい料理は、しっかりしたソースや付け合わせは添えず、その分スパイスや調味料で風味をつけます。加熱方法を含め、このように、中性的な性質をもった料理には、同じく中性的な特徴のワイン、ロゼやオレンジがよく合うのです。

コースメニューを通して楽しめるワインとして定番ともいえるのはスパークリングワイン、シャンパーニュです。シャンパーニュでディナーを通すというのは贅沢ですし、センスがいい感じがします。ただ第1章でお話ししたように南方、地中海系のものとは難しいので、その場合はイタリアやスペインのスパークリングにするのがいいでしょう。

　ロゼシャンパーニュもコースメニューに通せるワインですが、シャンパーニュではロゼはデザートに合わせるイメージが強いので時と場合によるともいえるでしょう。

　このように、昨今人気の出てきたワイン（スパークリング、ロゼ、オレンジ、ビオ）は、ソムリエ的視点から見ると、新しい料理のスタイルやコースメニューの構成に合わせていくために現れてきた必然的なものと理解することができます。

ソムリエ
Memo
3

ロゼワインの流行

ロンドン、パリ、ニューヨークといったワインシーンにおいて、ロゼは流行というより定着したともいえるほどに絶大な人気があります。売り場一角がロゼ色という店は少なくありません。そんな状況のなか、日本ではそれほどの人気が出ていないのが現状です。「今年はロゼブームが来るぞ」と輸入商社各社はロゼを取り揃えるのですが、鳴かず飛ばずで、もはやあきらめの声すら聞こえてきます。

なぜ、流行には敏感な日本人が世界的にこれほどまでに流行っているロゼに飛びつかないのか、これを国際的なオーソリティーはこう分析します。

「世界でロゼが急激に伸びたのは、これまであまりワインを飲まなかった層が、その飲みやすさ、親しみやすさから飲むようになったといえる。日本はすでに成熟したワイン市場なわけで、よりよいものを求める傾向がある。そんな市場においてロゼは必ずしも魅力的な商品でないということだ」。確かに納得できます。ロゼは主に20〜30歳代の若い層で楽しまれているといわれます。

ここからは私なりの見解なのですが、日本人の「食と酒」の感覚にも起因すると思うのです。日本では様々な国の食事とその食事に合った酒を楽しみます。日本料理や鮨には日本酒を、中国料理には紹興酒を、韓国料理にはマッコリを、というように。そして、「今日はワインを」とフレンチやイタリアンを食べる時に意気込むのではないかと。

どんな食事の時にもワインというアメリカやヨーロッパのような国では、赤ワインは生まれた時から食卓にあるもの、「じいちゃんがよく飲んでいた酒」という感覚もあろうかと思います。そこで、「ロゼが新しい」、「ロゼがおしゃれ」、「写真映えする」となったわけです。

ところが、日本人にとっては「今日はフレンチだから、せっかくなら美味しい赤を」というように、特別感を抱いているので、ロゼの出番はあまりないと考えられます。

そして大きいのは消費者層の違いです。日本のワイン消費を支えるのは圧倒的に50歳前後という大手商社のリサーチがあります。そしてその世代はオーセンティックなものを好む傾向があります。つまりロゼには向かわない、ということです。

3

ワインオーダー

ワインリストを
もてなす相手に渡してはいけない。

スマートなワインオーダーと
ソムリエ活用法。

ワインの価格による違い。

”

「ワインエキスパート？　…プロじゃなくても取れる資格があるんだ」。ワインを少しは知っていれば、会食の時になにかといい。ゲストがワイン好きというパターンは多い。散々だったこの間の接待でもワインのことを振られて、変な返事をして失笑された。「へぇ、コンクールもあるんだ。なんか学歴高そうな人ばかりだな。本まで出している。『ワイン男女○人』…そんなドラマあったな。出会いもあるのか…。よし、やってみよう！」と試験チャレンジを決めた。

「おい、会食のセッティング頼む。今回のメインゲストはかなりのワイン好きらしい。今度は分かりやすい場所にしてくれよ」

銀座の老舗レストラン。フレンチには疎い自分でも知っている名前だ。店の向かいにある、ホテルの玄関で待ち合わせた。「今日はありがとうございます。こちらです」レストランのバーで控えていた上司と共にテーブルへ。アペリティフ、料理オーダーもスムースにいった。今回のゲスト、フレンチというかレストランづかいが相当慣れていらっしゃる。

「ワインリストをお持ちしました」と眼鏡をかけた、いかにもベテランソムリエ。ゲストとは面識があるようで親しげに挨拶していた。ここはお任せするに限る。「ワイン選び、お願いしてよろしいですか？」。ゲストとソムリエはしばしワイン談義をし、「それではこちらはいかがでしょうか？」。その瞬間、ソムリエの眼鏡が光ったように見えたのは僕だけだろうか。ゲストは「よろしいですか？」と、リストを指差した。「(ご、5万円?!) どうぞ。あ、ありがとうございます」。

帰りに寄ったコンビニで動物のラベルのワインが目に止まった。「625円、今夜のワインの100分の1くらいか…」。

基礎
LECTURE

スマートなワインオーダー

ワイン選びは、多少知識があってもできれば他の人にやってもらいたいと思うのは誰でも同じです。それが高級店ともなれば、なおさらです。「〇〇さん、ワイン詳しいでしょ、お願い！」と、ワインリストを導火線に火がついた爆弾かのように、次々に回していく光景をよく見ました。

しかしホストはワインリストを人に渡してはいけないのです。私が以前、勤めていた高級フレンチでは今回のようなケースが多々、いや日常的にといってもいいくらいにありました。製薬会社の接待が最もいい例です。

ゲスト（医師）は大抵ワイン好きです。前もってホスト側からはワインの予算を指定されているのですが、ワインリストをゲストに渡されてしまうと非常にやりにくくなります。

「このあたりがお勧めです。お料理ともよく合うと思います」

「そうなんだ…。このあたりはどうなの？」と、予算の倍以上のワインを指差すのです。

「確かに素晴らしいワインですね。料理には少し強過ぎると思いますので、同じ系統でこちらはいかがでしょう」。ホストからは「ソムリエ、頑張れ！　なんとか切り抜けるんだ！」という念が送られてきます。背中に汗がつたう状況です。

これは極端な例として、接待でなくともワイン選びはホストの役割、言い換えれば、ホストとしての器量の見せどころです。

まずワインリストの見方です。椅子に深く腰掛け、背もたれに背中をつけます。片手でリスト（ブック形式として）の背の部分を持ちます。そしてゆっくりページをめくっていきましょう。これで「慣れているな」と思ってもらえます。ここでまず価格帯を掴みます。最も層が厚い価格帯が店としてのお勧め、またはいいものがひしめいていると考えていいでしょう。品揃えもざっくり掴みます。フランスが多い、特にボルドーが多い。またはアメリカが多い、ビオが多いなど傾向が分かればそこを中心に組み立てればいい、ということになります。シェフがどこで修業を積んだのかが分かっていれば言うことはありません。ワインはその土地、またはゆかりのものを選ぶのもいいでしょう。

リストのアウトラインを掴んだところで、ソムリエを呼び、「カリフォルニアワインの品揃えがいいようなので、この辺りでいこうと思うのですが…」と、予算に合うリストの価格を指差して、アドバイスを受けましょう。スタンスとして大切なのは、ソムリエに従うのではなく、決断をするのは自分だということです。

ここで、「カリフォルニアワインはお好きですか？ ブドウ品種や味のタイプなどお好みはありますか？」とゲストに声をかければホストとしての役割を見事に果たしています。

ワインの特徴についても一言二言、リクエストを入れられるとさらにいいです。ワインは価格とともに力強くなる傾向がありますから、ソムリエのお勧めが予算オーバーの場合には、「よさそうですね。でも料理を楽しみたいので、強いよりは飲みやすさがあるほうがいいのですが」と言ってみてください。それでも価格のより低いものを勧めてこないなら、今後はそのソムリエ、その店はあきらめたほうがいいです。お客様の予算感を察することのできないのはプロではありません。

【ワインの特徴を伝える語彙集】

●白ワイン

アロマティック――フルーツや花の香りが豊かなワイン（ブドウ品種）。甘やかな印象。ソーヴィニヨン・ブラン、リースリング、シュナン・ブラン、ヴィオニエなど。

ドライ――ニュートラルともいう。シャルドネ、ピノ・ブラン、アシルティコなど。
爽やか――酸味が際立つ。ソーヴィニヨン・ブラン、リースリングなど。
なめらか――酸味とコクのバランスがいい。シャルドネ、シュナン・ブラン、ヴィオニエなど。
まろやか――酸味がやさしく、コクが勝る。ピノ・グリ、ヴェルメンティーノ、グルナッシュ・ブランなど地中海系品種。

●赤ワイン

フルーティ――その名の通り。ガメイ、マスカット・ベイリーAなど。
フルーツの濃縮感がある――フルーティの特徴に加えて、豊かさ、強さがある。メルロー、マルベックなど。
なめらか――酸味とコクのバランスがいい。カベルネ・ソーヴィニヨン、カベルネ・フランなど。
まろやか――酸味がやさしく、コクが勝る。グルナッシュ、ジンファンデルなど。
スムース――飲み心地がよく、渋みがやさしい。ピノ・ノワールなど熟成したワイン。
やわらか――広がりがあり、軽快。ピノ・ノワール、ガメイなど。
厚みがある――コクがあり、豊かな味わい。メルロー、マルベック、グルナッシュなど。
がっしりした――コクがあり、渋みが強い。シラー、カベルネ・ソーヴィニヨンなど。

ソムリエTALK

ワインの価格

ワインほど価格の幅が大きい飲み物はなかなかありません。価格が高くなる要因は、希少性、評価、需要です。では高額ワインとそうでないワインとでは中身はどう違うのでしょうか。高い、安いの線引きですが、2000円を境にカジュアルレンジ、プレミアムレンジと大別できます。1万から何万円もするものはグランヴァン、もしくはスーパープレミアムと呼ばれます。

プレミアムレンジは生産地域が限定されますし、造りにも手間ひまがかけられます。カジュアルレンジがブドウ品種の個性を楽しむのだとすれば、プレミアムレンジは産地の個性、生産者の技術がそこに加わってくると理解していただいていいと思います。

カジュアルレンジのワインは香りがはっきりと分かりやすく、ブドウ品種の個性が率直に表れています。味わいもやさしく、親しみやすい個性です。対して、プレミアムレンジのワインは、香りに奥行きがあり、分かりやすさという点では難があります。酸味や苦味、赤ワインであれば渋みが際立ちます。こうして表現してみると、「高いワイン＝美味しい」ではないことが分かります。

生産者側から見た価格レンジによる位置づ

けですが、カジュアルレンジは、エントリーレベルとも呼ばれ、まずは気軽に楽しんでもらいたい、量も多く造っている、いわゆる入門編です。プレミアムレンジは生産者が最も注力する、いわばフラッグシップです。そしてアイコンと呼ぶ、スーパープレミアム。これはごく限られた生産量の特別なワインです。この見方でいくと、生産者が味わってもらいたいと願い、そのブドウ品種、生産地、造り手の個性が存分に楽しめるのがプレミアムレンジといえるでしょう。

このワインの価格レンジを食事またはレストランの格と合わせて考えるといいです。家飲みには小売価格で1000円以下のもの、家でも凝った、おもてなし料理であれば、1000〜1500円。地方料理などのビストロ、カジュアルレストランでは1500〜2000円、テーブルクロスが敷いてあるようなファインダイニングでは2000〜5000円。そしてグランメゾンとも呼ばれる高級店では5000円以上のものが相応しいです。高級なワインはボトルの中身だけでなく雰囲気、サービスも含めて楽しんでこそ、その真価を味わうことができます。オケージョンに合わせてワイン選びをするのはとてもスマートだと思います。

ワインを知りたい、分かるようになりたいと思いたったら、またそんなに人にアドバイスをするなら、カジュアルレンジから始めて、ブドウ品種を覚える。そしてある程度、品種名とその個性が頭に入ってきたら、プレミアムレンジに移るというのがいいでしょう。ソムリエがトレーニングする際も何度も繰り返し反復するのが、このプレミアムレンジのものです。このレンジのワインの品質や特徴を掴めるようになったら一人前のテイスターといっていいでしょう。

価格帯別にテイスティングをしていくと、2000円を超えると香り、味わいの奥行きやヴォリュームが増し、充実感のある一本となります。ラベルデザインもより洗練され、面構《つら》えがいいものになります。

日本は二極化の市場で、カジュアルレンジかスーパープレミアムレンジに寄っています。しかし、プレミアムレンジを味わい、覚え、選んでいけることが、価格帯からみたワインの一番の楽しみどころなのです。

「審美眼を磨くには、よいものだけを見るべき」といいますが、ワインについては少し違うところがあります。プレミアムレンジを理解することで、何万円もするワインの価値の理解に近づけるのです。

「ロマネ・コンティはそんなに美味しいのですか？」。ワイン愛好家にとっても、ソムリエにとっても永遠の疑問です。敬愛する先輩ソムリエから聞いた言葉が心に残っています。

「ワインを長年にわたり、理解を深めるべくテイスティングを重ねる。そんな積み重ねの賜物、ご褒美としてあるのがロマネ・コンティなのではないか」

ソムリエ

Memo

4

チリワイン

チリワインは日本のワイン市場において非常に重要な位置にあります。なにしろ、「ワインといえばフランス」と長年、日本の市場トップを独走してきたフランスを抜き、輸入量が1位になっているのです。

始まりは、1995年頃の「ワインブーム」です。喫煙、高カロリーな食事をしても赤ワインを飲んでいるフランス人は循環器系の病気になりにくいという研究結果「フレンチパラドックス」により、「赤ワインは身体にいい」というイメージが定着。ワインをほとんど飲まない層まで「1日1杯、赤ワイン」と養命酒さながらに飲まれました。レストランでもお客様から「赤ワインは渋みの強いのを」とよく言われました。

またこの時期に500〜600円の「低価格ワイン」も拡販され人気が出ました。「750mlで500円ならアルコール度数でみてもビールや酎ハイより割がいい」という、いわゆる飲兵衛層がワインに手を伸ばしました。

そして、生産国として注目を集めたのがチリでした。「チリカベ（チリのカベルネ・ソーヴィニヨン）」はいくらあっても足りないほどで輸入商社は大量に仕入れ、そのために生産ラインを拡張したワイナリーもチリでは続出したほどです。

チリは気候に大変恵まれている上、資本力のあるワイナリーが多いこともあり、コストパフォーマンスの高いワイン造りが可能になっています。またチリと日本は古くから友好関係が強く、関税の優遇があったことも低価格帯ワインにおいては大きなアドバンテージとなりました。

そんなチリで今注目はプレミアムレンジのワインです。大量生産のカベルネなら世界中どこででも見つけることができます。そこでより産地を限定した、個性的なブドウ品種を使ったワイン造りが進んでいます。カルメネールはボルドー原産の黒ブドウ品種ですが、今や本家より有名になっており、海の幸とも楽しめます。また古くから植えられていた品種の見直しもあり、カリニャン、パイスといったブドウから魅力的な赤やロゼワインが生まれています。

「チリは安ウマではなくプレミアムレンジが面白い」。ぜひ試してみてください。

ソムリエ Memo 5

ヴァラエタルワイン

ワインの銘柄名はヨーロッパでは産地名を表示します。その伝統を破ったのはニューワールドで、カリフォルニアがそのはしりです。

かの有名なテイスティングイベント「パリスの審判」（1976年）で、カリフォルニアは世界のワイン業界の度肝を抜きました。当時の認識では「コーラの国が造るワイン」が、フランスが誇る銘醸ワインより勝ってしまったのです。それも白、赤共に。さらにジャッジはフランス人です。ジャッジの何人かは自分の採点票を返すよう求めたといいます。また談合疑惑がかけられたり、主催者はフランスワイン業界から締め出されたとまで。それほどまでにフランスにとっては屈辱的なことでした。

白はシャルドネ、赤はカベルネ・ソーヴィニヨンです。産地を選ばない（どんな土地でもよく育つ）、この二つの品種は世界の主要品種としてニューワールド生産国で絶大な人気となりました。日本もその例外ではありませんでした。

それまでカリフォルニアはワイン名にシャブリなどフランスの名産地の名前を付けたものが多く、本家からクレームをつけられていました。そこでブドウ品種名をワインに付けたことで、その分かりやすさから人気が出ました。この「パリスの審判」がその人気に拍車をかけたことは想像にたやすいことでしょう。


今日、良質なワイン産地は世界中に広がっています。ワインリストは、以前はフランス、イタリア、スペインがほとんどを占めていましたので、〈フランス〉→［ボルドー］→（メドック）とカテゴライズしていくのが一般的でした。それが10数カ国のワインをラインナップするともなると、カテゴリーが細かく多様になり過ぎ、選びづらくなります。そこで、カテゴライズをヴァラエタル（ブドウ品種）名で分けると見やすく、選びやすくなります。今日、ワールドワイドなラインナップのワインリストは品種別が一般的となっています。

4

白ワイン

好みが分かれるブドウ品種とは?

白ワイン用ブドウ品種は
アロマティックとニュートラル。

世界のプロフェッショナルたちが
注目する品種。

「ニュージーランドといえば白ワインがいいんですか。ソーヴィニヨン・ブランの品揃えが豊富ですね。2つくらい、ここからお勧めいただけますか？」

「マールボロのソーヴィニヨン・ブランがお勧めだそうです。よろしいですか？」

スマートなワインオーダーにソムリエも感心している様子だ。上司もよしとうなずいてくれている。今日のゲストはワインにあまり頓着がないようだから楽勝だ。

サーヴされた白ワインはとても香り高く、爽やか。透明感のある味わいは喉を潤すには申し分ない。いいスタートだ。

ところがゲストは一口つけただけで、ほとんど飲んでいない。

「アルコール、控えられているのですか？」

「そんなことはないのだけど、このワインは苦手だな。やけに青臭い香りが…」

確かに芝生のような香り。そういえばパクチーが苦手だって仰っていた。料理は気をつけたけど、そこもあるのか…。

「ソーヴィニヨン・ブランはハーブのようなグリーンノートが特徴なんです」

ソムリエが食い気味に被せてきた。

グリーンノート??若い割には自信満々だな、このソムリエ。声も低いし。隣のテーブルの外国人と流暢な英語でしゃべっていた。アメリカ生まれ、だけは聞こえてきたけど。

基礎
LECTURE

白ワインの個性、おさえておくべきブドウ品種

ワインの香りは、①ブドウ品種由来（ブドウ品種からもたらされる、フルーツや花、ハーブ、スパイスなどの香り）、②アルコール発酵由来（発酵時に生まれる。キャンディや吟醸酒のような香りで、時間とともに薄れる）、③熟成由来（熟成による、土っぽい、キノコなど複雑な香り）、と大きく3種類に分けられます。①が強いブドウ品種をアロマティックと表現します。その逆がニュートラル（ノン・アロマティック）となります。アロマティック品種は個性がはっきりとしていますので、好みが分かれるところがあります。特に白ワインはこの品種特性の影響が強く表れますので、品種の個性をおさえておくと、ワイン選び、理解度はぐっとレベルが上がります。

【アロマティック品種】

● ソーヴィニヨン・ブラン

ニュートラル品種の代表シャルドネに対して、アロマティック品種代表がソーヴィニヨン・ブラン。フランス・ボルドーおよびロワールの品種で、カリフォルニア、チリ、オース

トラリア、ニュージーランドで広く栽培されています。特にニュージーランドはソーヴィニヨンでその地位を確立しました。

産地が違っても、明確な個性が表れるのが特徴。木樽の風味（トーストなど香ばしさやバニラなどスパイス）をつけたものがボルドーで流行りましたが、ソーヴィニヨンはフレッシュ感を全面に出すのが一番、とされています。

ハーブ、スパイスを効かせた風味豊かな料理に合うということで、そういった料理の人気と相まっています。

●リースリング

シャルドネと並び、最高級の白ワインを生むブドウ品種で、軽快なオフドライ、長期熟成が可能な辛口、そして貴腐ワイン（甘口ワイン）といずれも高品質なワインとなるポテンシャルを備えています。

ドイツ、フランス・アルザス地方のブドウですが、世界中の冷涼気候の産地に広がっています。南オーストラリアのクレア・ヴァレー、アメリカのワシントン州、ニュージーランドのカンタベリー、南アフリカのエルギンといった銘醸地が多いです。言い換えると、リースリングがある場所はポテンシャルが高い産地と評価できます。

透明感のある風味と力強い酸味が身上で、石油や石鹸のような独自の香りをもち、カモミールやリンデン（菩提樹の花や葉）と表現されます。

ニジマス、スズキ、太刀魚、またカサゴ、メバル、アイナメといった根魚（岩礁の多い所にいる）とよく合います。蟹、特に毛蟹との相性もいいです。

●シュナン・ブラン

フランス・ロワール地方原産のブドウ品種で、貴腐ワインとして知られていますが、辛口、スパークリングワインにも用いられます。カリンやネクタリン、金木犀《きんもくせい》のようなアロマティックで、濃密な印象のワインとなります。カリフォルニアでは古くから栽培され、あまり量は多くありませんが素晴らしいワインが生まれます。近年、南アフリカのシュナンの人気が沸騰し、本家を凌ぐ勢いを見せています。カリフォルニアではオフドライなものが多く、南アフリカはドライが主流。

シャルドネ同様に、クリーム、バター、チーズといった乳製品を使った料理、リエット、パテなどのシャルキュトリー、アスパラガス、グリーンピース、トラウト（鱒）など春らしい素材もいいです。

●ヴィオニエ

フランス・ローヌ地方の高貴品種で、ヴィオニエを使った希少な白ワイン、シャトー・グリエは古くよりフランス5大白ワインとして高い評価を誇ります。金木犀や白バラのような香り高いフラワリーな特徴をもち、エスニックスパイスのアクセントが印象的なワインを生みます。アメリカ、オーストラリア、南アフリカなど温暖な産地に広がり、国際的に大変人気が高いです。脇役としても活躍できる品種で、濃厚な赤ワインを造るシラー種とブレンドされます。また白ワインにおいて芳香性と味わいの豊かさを補うために用いられます。

エクルヴィスのグラタン、クネルのナンチュアソースなど伝統的なローヌ地方料理、ラクレット、ルブロッションなどチーズまたはチーズ料理（じゃがいものグラタンなど）、ゲヴュルツトラミナーのように中国料理やアジアン料理も楽しめます。

●ゲヴュルツトラミナー

その名の通り（Gewürz＝spice）、スパイシーさが特徴のアロマティックなブドウ品種。突然変異で生まれたブドウ品種らしく、産地によって品質にバラツキが出る気まぐれなところがあります。アルザス、イタリア北部のものが秀逸で、近年ではニュージーランド、チリ、南アフリカでも成功を収めています。中国料理といえばゲヴュルツトラミナーで、香菜、クミン、コリンアンダーなどを使った前菜から、海老チリなど辛味のあるものまで幅広く合わせられます。

●アルバリーニョ

イベリア半島西端、スペイン・ガリシア地方とポルトガル・ミーニョ地方と隣接する二つの地域の土着品種。ガリシアでは甘やかな果実の風味が特徴となり、ミーニョではすっきりとした爽やかな味わいとなります。多湿の環境でよく育つことから、日本のように棚仕立てで栽培され、近年、新潟県でも良質なワインが生まれています。タコ、貝類、海老など魚介のボイルやマリネなどシンプルな料理がいいでしょう。

●グリュナー・フェルトリナー

近年、目覚ましい品質向上を遂げるオーストリア白ワインの代表格。特に2000年以降は世界有数の白ワインに匹敵するといっても過言ではないくらいに圧倒的な存在感を示しています。ウィーンの定番アペリティフ、Gスプリッツァー（白ワインのソーダ割り）に使われるような軽快な辛口から、ブルゴーニュのグランヴァンに劣らない豊潤なタイプまで多様なスタイルのワインを生みます。ドナウ流域の、バッハウ、カンプタール、クレムスに銘醸地、名ワイナリーがひしめいています。

ホワイトアスパラガス、ニジマス、鯉などに加えて、ウィーン料理として有名なヴィーナー・シュニッツェルが定番。さらにタイ、ヴェトナムといったアジアン料理とも楽しまれます。


【ニュートラル品種】

●シャルドネ

最も有名で、世界的に採用されている白ワインの代名詞的存在ですが、品質は平凡なものから、スーパープレミアムなものまで幅広いです。酸味の豊富なブドウ品種ですが、温暖な産地で造られたワインは、まろやかでオイリーな味わいとなります。

ニュートラル（ノン・アロマティック）な個性が特徴で、青リンゴなど爽やかな香り、フレッシュなタイプ、豊かな酸味を全面に出したタイプ、木樽を使った醸造、熟成を行った豊潤で、ヴォリュームのあるタイプなど、造りによってタイプが変わります。バター、クリーム、チーズなど乳製品を使った料理と相性がいいです。

●甲州

近年の日本ワインブームの中心的存在のブドウ品種。和食への関心の高まりと共に世界からも、その他にはない特徴が注目されています。有力な日本生産者が甲州をワイン用のブドウとして本腰を入れたのが品質向上のきっかけとなっています。

甲州は日本在来の生食用ブドウで、その歴史は古く1186年の記録が残っています。発祥はコーカサス地方でシルクロードを渡ってきたという説があります。

日本ワインのブドウ品種の18%を占め最多、その95%が山梨県で栽培されています。県内で生産される日本ワインの60%以上が甲州です（データはいずれも2015年）。薄紫色をした果皮をもつ、〝グリ系〟品種で、フェノールを含むのが特徴で、それを取り除いた淡麗タイプと、あえて取り込んだ芳醇タイプがあります。近年は後者が注目されており、ワイン醸造の権威、ボルドー大学の日本人教授が、グレープフルーツなどの柑橘、黄色い花の香りを総称して、「きいろ香」と呼んだことで、世界的にその個性が認識されました。加えて、丁子などのスパイスの香りも特徴です。そういった意味では、ニュートラル系でもあり、アロマティック系ともいえるでしょう。

その独自の苦味から、「アク抜きを要する」野菜の、ゴボウ、レンコン、ウド、白アスパラガスなど、また、ヨード感のある赤貝、トリ貝ともよく合います。

●アシルティコ

アルバリーニョと同じく、ファッショナブルな品種として近年注目が集まるブドウ品種で、ギリシャ台頭の牽引車的役割を果たしています。起源がメソポタミアまで遡るといわれる、そのストーリーも人気を後押ししています。乾燥した気候に強く、トマトとケッパー以外に作物が育たないサントリーニ島で見事に成熟します。１９９０年以降設立の新進ワイナリーらにより、その高品質なワインがアピールされています。

グリークサラダ、ホタテなど貝類のサラダ、またはオリーヴオイルソテー、カジキのグリル、イワシのオーヴン焼きなど、魚介料理と合わせられます。

ニュートラル品種のほうが、好き嫌いが少なく、料理とも無難に合わせられますので、相手の嗜好があまり分からない、ワインをそれほど召し上がらない、または好き嫌いが多い場合にはいいでしょう。アロマティック品種は、その逆でワインをよく召し上がる、また女性、若い層にお勧めです。白ワインを複数選ぶ場合にはアロマティックとニュートラルをそれぞれ選ぶと違いも明確で、会話のネタにもなります。少し難しい話になりますが、品種がアロマティックか否かと、ワインのポテンシャル（品質や価格）は別問題です。アロマティックかつシンプルなものもあれば、複雑なものもあります。ニュートラル品種でも同様です。

ソムリエTALK

世界の白ワイン

ワインはブドウ品種名で表されるようになったことで、その分かりやすさは販売拡大に繋がり、世界中の生産国へと広がりました。一方、それはその産地の独自性を薄れさせることにもなり、どこもかしこもシャルドネ、カベルネという状況に飽き飽きした消費者は「ABC～Anything but Chardonnay/Cabernet」と注文するようになったといいます。「シャルドネ／カベルネ以外なら何でもいいよ」ということです。

そこで注目されるようになったのは白はソーヴィニヨン、リースリング、赤がピノ・ノワール、シラーです。今日、ニューワールド各国で素晴らしいワインが産出されています。これらの品種はシャルドネ、カベルネよりは産地は限定的です。

ソーヴィニヨン・ブランではニュージーランド、特にマールボロは代名詞的存在といえるほどに成功を収めています。またオーストラリアでは南オーストラリア州のアデレードヒルズからいいものが生まれています。西オーストラリアではセミヨンという品種とブレンドされることが多いです。チリでソーヴィニヨンといえば北部にあるレイダ・ヴァレーが定番です。伝統国では、オーストリア南部のシュタイヤーマルクも注目に値します。

リースリングはドイツ、フランス・アルザスが王道でしたが、南オーストラリア、南アフリカ、加えてアメリカ・ニューヨークのフィンガー・レイクスといずれも冷涼な気候の産地が注目です。

これらの「国際品種」とは一線を画し、さらに個性的なワインを造る品種として脚光を浴びるようになったのは、「土着品種」です。スペインの白ブドウ品種のアルバリーニョやゴデーリョ、同じくオーストリアのグリュナー（フェルトリーナー）、ギリシャはサントリーニ島のアシルティコ、ジョージアのルカツテリなどです。日本の甲州もそこに入ります。

これらの土着品種は地元消費もしくは歴史的に特化された供給先の嗜好に合わせた大量生産型ワイン用とされた生い立ちをもっていたり、栽培が困難などという理由から忘れ去られたといった経緯があります。アルバリーニョ、グリュナー、ルカツテリはかつて大量生産を強いられました。アシルティコはサントリーニ島噴火による被災から忘れられました。それが近年になって、その品質に注目した造り手たちにより、品種特性に合わせ手をかけ、収量を抑えたワイン造りによって、真価を発揮していることで復活またはブレイクに成功したのです。

田舎の素朴な女性が身だしなみを整え、髪をとかし、軽くメイクをしたら、目を見張るような美人だったといったところでしょうか。

これを国際的なプロたちは「ファッショナブル」な品種として、こういったワインがワインリストにあること、楽しまれていることはセンスがいいと認識されるようになっています。

ワインにはその産地ならではのブドウ品種、造り、ストーリーがあることが大切で、現在はその独自性とストーリーこそがワインの楽しみであり、洗練されたワイン消費ともいえるでしょう。これからも目立たない存在、忘れられた存在の土着品種が見事に生まれ変わり、注目の品種となる例が続く可能性は大いにあります。そんな土着品種のブレイクスルーを見つけるのも、現代的なワインの楽しみともいえますね。

ソムリエの視点でこれら、ファッショナブルと称されるブドウ品種から感じられるのは、潮流となっているペアリングの可能性です。アルバリーニョ、グリュナー、アシルティコ、そして甲州など全般的にはドライでクリーン、スムースさが特徴になっています（グリュナーは一部力強いものがあります）。

現代の料理は、素材重視で、加熱時間が短い、もしくは加熱温度が低い、動物性脂肪を使った重いソースではなく、ハーブやスパイスが多用されています。和食やアジアンフードが世界中で人気なのもその流れを汲んだものといえるでしょう。

ソムリエとしては料理とのペアリングを提案していくうえで、木樽の風味がしっかりきいた濃厚な力強い白ワインより、こういったワインのほうが合わせやすいのです。

ソムリエ
Memo
6

ワインの表現

ワインというと表現するべきものという認識が少なからずあります。そんな面倒くささが、馴染みのない人を一層遠ざけていることは間違いないでしょう。その表現を得意技にしていると思われているのが、ソムリエです。

「これ、表現してみて」とよくからかわれました。手品師を見つけたら「なんかやって」、という感覚と同じでしょう。未だに言われます。

多くの人が、きっと詩的な表現をすることだろうと思っているようですが、ソムリエがプロとして行うワインの表現は詩的ではなく分析的なものです。時には美的な表現もありますが、基本的にワインの表現は分析を目的としてするものなのです。

そのワインが、どんな産地・環境で生まれ、育ち、どのように栽培され、どのように醸造され、どのように熟成され、今どのような特徴、状態で、今後どのように発展していくかを分析、予測することで、そのワインをよりよく理解するために行うのがワインの表現、つまりテイスティングコメントなのです。

そしてそこから、どのような料理と合い、どのような温度・グラスでサービスをし、どのようなお客様に、いつ、どんなオケージョンで、(価格は)いくらが適正か、さらにどれくらいの年月で熟成できるかなど、実務に活かしていきます。

ですので、「表現してください」といわれても、困ってしまうのです。とはいえ、「できません」と冷たく断るわけにもいきませんので、反応を見ながら、かいつまんでコメントをします。もちろんプロとして。たいていはポカンとした顔をされています。内心「聞くんじゃなかった」と思っていらっしゃるかもしれません。

ワインの表現で印象的なのは、飲み物の表現と思えない突拍子もない語彙です。数十年前、著名なソムリエがテレビ番組で言ったからでしょうか。「森の下草」は、ちょっとした流行語のように知人、友人から「ワインの表現って、森の下草、っていうんでしょ？ なにそれー⁇（笑）」と言われたものです。私もテイスティングセミナーに参加して、難解な語彙と悪戦苦闘していました。

ソムリエのテイスティングコメントはフランスで確立したものです。言語学の発展した国ということもあり、複雑な語彙が生まれていったのかもしれません。私たちソムリエもテイスティングを学び始めのころは疑問ばかりでした。当時はラズベリーやカシスは一般的ではありません。花にしても、アカシアに西洋サンザシ。先生の田崎真也さんは容赦ありませんでした。「ボージョレのガメイは甘草の香り」、「この動物的な香りはシヴェットという」、「このカベルネの青っぽい香りはエルバッセ（草っぽい）とか、ヴェジェタル（植物的な）というと印象が悪くなるから、メントールとコメントすべきだ」。この調子です。もはや本物がどんな香りなのかは気にしていられません。

ワイングラスから香ってくる、おそらくそうであろう香りを、ラズベリーだとか、甘草、シヴェットと当てはめていきました。しかしこれは間違いではありませんでした。これらの語彙は会話のために言語を覚えるのと同じです。「清々しい」という語彙をどんなふうに使ったらいいか、とりあえず使ってみる。しっくりこない、間違っていることもあるでしょう。しかし使っていくうちに最適な使い方が身に付きます。

ワインの表現も同じです。自分が「甘草」と思ったものを、他の人も同意見であれば、共通語をもてたことになります。子供が大変早いスピードで言葉を覚えていくのは聞いた言葉をどんどん使っていくからです。間違えた使い方も多いでしょう。それは問題ではないのは、ワインの表現も同じだと思います。

5

赤ワイン

赤ワイン用ブドウ品種は、
タンニン分の量でタイプ分けできる。

ワインの飲み頃とは?

「固い」、もしくは「閉じている」ワインは、
よくない訳ではない。

ブドウ品種によりワインの特徴は大きく違うことを知り、本も買って勉強もした。

「カベルネ・ソーヴィニヨン、メルロー、ピノ・ノワール…。このあたりをおさえておけばいいんだな」

老舗ホテルのイタリアンレストラン。ゲストの会社が隣接するビルに入っているということで指定を受けた。40階まで上がり、店に入ると炭火焼のオープンキッチンが目に飛び込む。

「炭火焼がウリなんだな。そういえばエレベーターホールにいた人、支配人なのかな。坊主頭って、ホテルマンも変わったもんだな」

「ワインリスト、お持ちしました」

と老舗ホテルらしく、お堅い感じのソムリエ。

「あっ、見たことある！ ワインの本を探している時に、表紙がこの人の横顔の本、なんとかバイブル…」

「メインディッシュはピエモンテの料理ですので、バローロ・カンヌビはいかがでしょうか？ 深みある芳醇な香りにしっかりとした渋みが特徴です」

と、さすがの分かりやすい説明。

「お勧めいただいたワイン、よさそうですが、いかがですか？ 渋みは苦手ではないですか。あ、よかったです。それではそれで。ちなみにブドウ品種は何ですか？」

「ネッビオーロでございます」

ネッビオーロ…こないだ買った『10種のぶどう』の本には出てなかった品種だ。

「まだ固いね、何年かな？　2010年じゃ、まだ閉じているか」

ワインを相当飲み慣れているゲスト。

「デカンタージュいたしましたので、時間とともに開いてくるかと存じます」

「固い？　閉じている？　なんのことだ??」

基礎 LECTURE

赤ワインの個性、おさえておくべきブドウ品種

ワインの香りは主にブドウの果皮とそのすぐ内側に含まれる芳香成分によります。ブドウを搾り、ジュースのみで発酵を行う白ワインより、果皮、果肉、種子も一緒に発酵を行う赤ワインのほうが香りがより豊富になります。また果皮や種子からタンニン、つまり渋みがもたらされます。

白ブドウ品種はアロマティックかニュートラル（ノン・アロマティック）かでタイプ分けをしましたが、黒ブドウ品種の場合はタンニン（フェノール）が豊富か否かで分けることができます。その差は果粒の大きさで変わってきます。大きい粒は果肉つまりジュースになる部分の割合が大きく、小さな粒は果皮や種子、つまり渋みとなるタンニンの割合が大きくなります。前者は香りの広がりが豊かで華やか、よりソフトな味わいになる傾向があり、後者は香り、味わいともに凝縮感があり、しっかりとした渋みが特徴となります。

これは栽培条件や造り（醸造方法）にも左右されますので、粒が小さくタンニン豊富な品種でも渋みがやわらかいワイン、逆に、粒の大きなタンニンの少ない品種でも渋みが強いワインというのはありますし、熟成を木樽で行ったものは樽に含まれるタンニンが大なり小なり抽出されます。とはいえ、粒の大小は赤ワインの特徴に少なからず反映されますので、黒ブドウ品種はタンニンの豊富なもの、少ないもので、分けて覚えるといいでしょう。

【タンニンの豊富な品種】

●カベルネ・ソーヴィニヨン

世界で最もメジャーな黒ブドウ品種であり、世界最高峰のワイン産地ボルドー左岸の主要品種。ポリフェノールが豊富で色が濃く、渋みの豊かなワインを生みます。長期熟成が可能で、熟成により、非常になめらかでバランスのいい味わいとなり、「ワインの女王」とも称されます。シャルドネと同じく、ヴァラエタルワイン（品種名表示）として知られていますが、ボルドーではメルロー、カベルネ・フランなどとブレンドされます。晩熟なので収穫期の気候条件の影響を受けやすいことからメルロー人気が高まりましたが、近年その個性があらためて見直され、カベルネの比率が高まっています。

ボルドーでは定番の食材はなんといっても仔羊です。乳飲み仔羊が名物でポーイヤック村のワインで楽しまれます。乳飲み仔羊はピンク色で肉質はやわらかく、上品な味で脂身はほとんどありません。なのに、ボルドーでも最もヴォリュームのある渋みのワインを生むポーイヤックと相性がいいのは面白いですよね。カベルネ・ソーヴィニヨンはタンニンは豊富ですが、味わいはなめらかで、スムースさがあります。よって繊細な肉質にも合うのです。またボルドーは港町ということで魚介をよく食べます。牡蠣、スズキ、チョウザメ、イカなどトマトやチョリソと合わせて調理した料理が、地元のブラッスリーなどのメニューにはよく載っています。

●シラー

フランス・ローヌ地方で秀逸な赤ワインを生む、非常にユニークな個性をもつブドウ品種。

まず原産地にこれほど様々な説がある品種は他にはないといっていいでしょう。出生はイラン、シリア、キプロス、ギリシャ、シチリア…。またどのようにローヌにもたらされたのかも諸説に溢れています。「どこから、どのようにやってきたのか」未だに解明されていません。

黒系ベリー、スミレのはっきりした香りをもち、黒コショウの香りが特徴です。その個性はオーストラリアにいくとチョコレートのような香りが、シチリアではエキゾチックスパイス、ローヌ地方の著名なワイン、エルミタージュは鉄サビの香りと、産地により様々な個性をみせるのです。ニュージーランド、南アフリカ、チリでも人気で、近年日本でも高品質な赤ワインが生まれています。料理とは、鉄分質の風味がポイントになります。鴨、鹿、鳩といった赤身の鉄分っぽさ、レバーっぽさのある素材がよく合います。またコショウの香りと合わせて、ペッパーソースが定番です。トゥール・ダルジャンの有名な鴨料理で、鴨のレバーと血液を煮詰め、コショウをきかせたソースがあるのですが、熟成したローヌのシラーとは王道の相性です。

●ネッビオーロ

イタリアを代表する高級ワインを生む品種で主にロンバルディア州、ピエモンテ州で栽培されています。タンニンが非常に豊富ですが、色は明るく、若いうちからオレンジがかったトーンが見えるのも特徴です。この品種が生み出す偉大なワインとして有名なのが、バローロ、バルバレスコです。伝統的には樽で長い熟成をさせてから瓶詰めされるので、枯葉や湿った土やキノコ、動物的な香りと複雑さが真髄とされていましたが、現代ではより短い熟成期間で仕上げられる、新しいスタイルも多くなっています。ピエモンテは牛肉料理が多く、ネッビオーロが定番の組み合わせです。複雑さのあるタイプには野ウサギ、野鴨などジビエもいいです。イタリア料理の秋の風物詩、白トリュフとバローロは王道のペアリングです。

●サンジョヴェーゼ

イタリアで最も広く栽培され、イタリアを象徴するブドウ品種。主要はイタリア中部で、軽快でフレッシュなタイプから、濃縮感のあるしっかりしたものまで幅が広いです。特にトスカーナでは偉大なワインが生まれます。トスカーナの品種とそのはるか南のカラブリアの品種が自然交配して生まれたという非常にユニークな起源も興味深いです。現代はクローンが多用され、グロッソとピッコロがあり個性が異なります。トスカーナも地方料理が大変豊富です。レバーペーストをぬったカナッペ、クロスティーニ、トリッパ（牛胃のトマト煮）、鶏肉のトマト煮も有名です。港町リヴォルノのカッチュッコという魚介盛りだくさんの名物料理とも合わせられます。トスカーナといえば外せないのがビステッカ・フィオレンティーナ（Tボーンステーキの炭火焼）です。

●テンプラニーリョ

スペインで最も広く栽培されている黒ブドウで、スペインの赤＝テンプラニーリョといえます。主要な産地は、スペイン最高峰の産地でもあるリオハで、長期熟成が可能な偉大なワインを生みます。比較的若いうちからドライフルーツ、レザー、タバコなど複雑なフレーバーをもち、味わいはなめらか、かつしっかりとした渋みが特徴です。料理は仔羊が有名です。乳飲み仔羊のア・ラ・プランチャ（鉄板焼き）。仔豚の丸焼きもよく知られています。唐辛子を使うことが多く、テンプラニーリョの赤ワインともよく合います。リオハはバスクと同じくタパス街が大変賑わっています。料理はシンプルなのですが、地元の人たちはリオハの赤ワインと共に楽しんでいます。

【タンニンの少ない品種】

現在は軽快な渋みのワインが好まれる傾向があり、マイナーな存在だった土着品種（サンソー、チェザネーゼなど）が注目されるようになっています。

●ピノ・ノワール

タンニンが豊富なブドウ代表がカベルネ・ソーヴィニヨンなら、ピノ・ノワールはタンニンの少ないブドウ代表です。気温が高過ぎても、低過ぎてもダメで、乾燥にも、多湿にも、雨にも、風にも弱い。メッカであるブルゴーニュ地方でも「3年に1度しか満足のいくヴィンテージがない」ともいわれるデリケートなブドウです。それでも世界中のワイン愛好家を惹き付けて止まない香り高いワインは、まさに「妖艶な」と表することができます。

主に冷涼な産地がよく、カリフォルニアのサンタ・バーバラ、オレゴン、オーストラリアのヴィクトリア州、ニュージーランドのセントラル・オタゴ、チリのカサブランカ、日本でも青森、北海道で良質なワインが産出されています。アメリカでは赤ワインといえばカベルネが絶対的な存在でしたが、2004年公開の映画「サイドウエイ」がきっかけでブレイクしました。ピノ・ノワールというと鶏肉という認識が強いのですが、何でもいいわけではなくやさしい調理法がいいです。ボイル、蒸し煮、ソテーです。グリル、ローストには向きません（ワインにもよりますが）。オレゴンやカナダではサーモンと合わせています。

●ガメイ

日本での輸入量がピーク時に比べ半減（2017年。ピークは2004年）と年々縮小しているボージョレ・ヌーボーとは裏腹に、近年大変人気を集めるブドウ品種で、アメリカ、オーストラリアでも高品質なワインが生まれています。正式名称はGamay noir à jus blanc（白いジュース）といいます。病害、酷暑に強く、かつてはフランス全土で栽培されていました。甘草（リコリス）の香りが特徴で、ソフトな口当たり、ジューシーな食感が心地いいワインとなります。ガメイは大変フードフレンドリー（料理と合わせやすい）なワインで、肉料理全般とよく合います。ハム・ソーセージといったシャルキュトリーは定番ですし、白カビタイプやシェーヴル（山羊乳）チーズとも大変よく合います。

【タンニンの中間的な量の品種】

ブドウ品種自体にはタンニンが多く含まれますが、やわらかみのある味わいのワインに仕上げられることが多い品種です。

●メルロー

ボルドー・メドック地区ではカベルネ・ソーヴィニヨンの渋みの強さ、厳しさを和らげる役割としてブレンドされる品種ですが、ボルドー全体では主要品種となる産地が多く、最も広く栽培されています。サンテミリオン、ポムロールといった右岸地区では大変高価なワインが生まれます。濃縮感のある果実、丸みのある味わいは親しみやすく、アメリカ、チリ、ニュージーランド、日本でも人気が高いです。しかし環境によっては成熟が難しいブドウであり、ナパヴァレー、山梨には難しいという声もあります。一方、ワシントン州、長野県塩尻のメルローは高品質。魚介料理と楽しむことができるカベルネに対して、メルローは肉食系のワインです。

●カベルネ・フラン

近年最も注目されている黒ブドウ品種の一つ。成熟したカベルネ・フランからは率直な果実味とカプシカム（唐辛子）の香り、ジューシーな味わいにほどよい渋みという、大変魅力的なワインが生まれ、人気を集めています。カベルネ・ソーヴィニヨンとメルローを補助する品種として控えめな存在でしたが、今日では主要品種として真価を発揮しています。フランスではボルドー、ロワール地方で主に栽培されていますが、カナダのオンタリオ、南アフリカ、アルゼンチン、オーストラリアなども非常に品質が高く、ガメイと同じくフードフレンドリーです。ウナギや甲殻類の赤ワインソースなど魚介類、または仔牛やウサギ（家禽）など繊細な身質の肉料理とも寄り添います。

●マルベック

シュッドウエスト地方、およびボルドーといったフランス南西部原産のブドウ品種で、その素晴らしい赤ワイン、カオールの主要品種です。世界的な人気はアルゼンチンでの大成功により花開きました。ブラックワインの異名の通り、非常に濃い色調で濃縮感のある果実味が全面に出た赤ワインを造ります。色の濃さの割に渋みはさほど強くありません。フランスでは、フォワグラ、ロックフォールチーズ、家禽肉のプラム煮込みと合わせるのが定番ですが、アルゼンチンの名物料理アサード、ＢＢＱにも欠かせないワインです。

●グルナッシュ／ガルナッチャ

スペイン原産品種、地中海地方を中心に広く栽培されており、収量が適切であれば、色が濃く、ヴォリュームの豊かなリッチなワインとなります。酸味はおだやかで甘みのある豊潤な味わいが特徴です。フランスのローヌ南部、プロヴァンス、ラングドックと地中海沿岸地域の主要品種で、加えて、イタリアのサルデーニャ地方、オーストラリア・マクラーレンヴェールではシラー、ムールヴェドルとブレンドし、それぞれの品種の頭文字をとって、ＧＳＭとラベルに表記されます。仔羊、仔牛、牛肉などとよく合います。牛ほほ、牛テールのシチューなどコク、深みのある料理が特に楽しめます。

ソムリエTALK 5

ワインの飲み頃

ワインは若い状態、発展、熟成した状態、古酒の状態と、人生のように移り変わっていきます。そして若い状態から発展に移行する段階に「クローズ期」があります。発展というのは、若さを示す香りが薄れ、深みを感じる香りが現れ、味わいにも丸みやなめらかさが出てきている状態です。熟成とは若さはほとんどなくなり、複雑な香りを放ちしなやかな味わいとなった状態です。

「まだ固い」は若い状態のワインを指します。酸味が際立っていてシャープな印象があり、渋みが強く、口の中が硬直するような感じがすることを、「固い」といい、まだ飲み頃ではないという意味合いをもちます。

「閉じている（クローズ）」は、若い状態を抜け、これから発展的な香りが現れる、そんな谷間の時期で、香りが少なく閉じこもった印象をいいます。元気はつらつ、ピカピカの新人が、時が経ち、30歳を前に迷いも出てきて覇気がなくなっている、そんな状態です。

この「固い」、もしくは「クローズ」は、飲むには相応しくない、ということではありません。若々しさ、率直さと理解し、それがよさであると好む人もいます。また、クローズを、控えめ、抑制と捉える方もいるのです。

フランスの若いソムリエは、結構な高額ワインを若いヴィンテージでもお勧めしますが、英国の方や日本の長年のワイン愛好家の方は熟成したものを好む傾向があります。

1990年代、私がこの世界に入った頃よく聞かれた言葉が、「このワインはあと5年、または10年後がいいでしょう」でした。高額なワインの褒め言葉のように使われていたと理解しています。駆け出しながらに、「10年後に飲めばよかったと、今言う意味があるのかな？ そもそも10年後のことが分かるかな？」と思っていました。「10年経っていないボルドーの赤ワインを開けてしまうことを幼児虐待ともいうんですよ」とテレビのワイン番組で見たこともありました。

そんな影響もあってか、「飲み頃はいつですか？」は、高額なワインを自宅のワインセラーにもつ方にとって一番の関心事になっています。この質問には本当に答えにくいです。下手なことを言って、それがその方の期待にそぐわないと「もっと待てばよかった」や「もっと早くに開ければよかった」と後悔の元になってしまう可能性が高いからです。

飲み頃というと、そのワインのピーク、という認識だと思います。これが難解です。人間でいう「生きてきた中で一番幸せ」は今日なのか、を判断するようなものです。

誰もが「もっといいことがあるはず」と願うように、ワインにも「もっとよくなるはず」と思ってしまうのは自然なことだと思います。つまり、「10年後に飲むべきだった」は本当にそれが予測できているわけではなく、偉大なワインといわれるものへの賛辞、と理解しています。

最近は、「いつ頃がいいですか？」の問いに「できるだけ早く開けてください」とお勧めしています。なぜなら、5年後、10年後にワインが飲める状態ではなくなるというよりも、人間のほうが事故に遭ったり、病気になったり、美味しくワインを飲めなくなっている可能性が高いと思うからです。現にワインコレクターが亡くなられて、その膨大なコレクションだけが残るという話は世界中に溢れています。せっかくの偉大なワインも飲み手を失ってしまっては日の目を見ることができずに残念なことです。たとえ、飲み頃が早いと感じられても飲まずに終わるよりははるかにいいかと思います。

「セラーにあるあのワイン、いつ開けようかな？」とお悩みの方、ぜひ今夜、開けてください。

ソムリエ Memo 7

ワインテイスティングのイミダス

ワインの表現は言語と同じようなものと書きました。流行語、現代語、死語があるように、流行り廃りがあります。ワインの表現はそのワインの理解、評価にも繋がりますので、ブドウ品種、醸造方法などの発展や認識の変化に伴い、表現の仕方も変わってきます。

リースリングは、飲み物にふさわしい表現ではありませんが「ペトロール（重油）」と表現され、それがリースリングの特徴的な香りとして定着していました。ですが研究が進むと、その香りの要因は決してポジティブなものではないことが分かり、一転ネガティブ表現になったのです。

かつてフランスが中心だったワインの世界ではフランス語がベースとなり、テイスティングのセオリーが確立されたのですが、世界に広まると同時に英語へと切り替わり、フランス語的な表現は変化していきました。赤ワインの色の表現でも以前はガーネットやルビーと宝石にたとえていましたが、現在ではダークチェリーやラズベリーレッドとフルーツにたとえます。また、価値観の変化もあります。カベルネ・フランは以前、ピーマンの香りといわれました。しかしそれはブドウの未熟さを表すものとネガティブな印象へと変わっていきました。昨今、カベルネ・フランは人気です。こういった野菜的な香りは、カプシカム（唐辛子）という語彙へと変わりポジティブなものになりました。

このようにワインはアップデートを常にしていないと、「時代遅れの古い言葉や死語を使っているな」と思われてしまいます。

6

ワインのサービス

ソムリエの
ワインサービスのコツとは?

デカンタージュをしなくなった
ソムリエ。

グラスはもう回さない?

”

六本木のレストラン。有名ソムリエがオーナーのワインが主役という店に、カジュアルな接待をしていただいた。「どんな感じにされますか?」と、さりげないけど、どこか圧倒する雰囲気のオーナーソムリエ。ただ者じゃないのがよく分かる。それも、そんなざっくりした聞き方で…。しかもワインリストを持っていない。「私がワインリストです」ということか。

そしてトークの節々に差し込まれるウィットの効いた言葉にどのテーブルでも笑いが起きている。隣のテーブルはワインが何か当てっこをしているようだ。料理の進行と共にワインがサービスされていく。確かにどれも美味しい。それもサービスにかなり手をかけているのがよく分かる。グラスがワインごとにすべて違うのは理由があるようだ。

次の赤ワインはカラフェに移し始めた。聞いたことがある、デカンタージュというやつだ。ロウソクの火に照らすはずだか、ロウソクもライトも使っていない。それもワインをジャバジャバと音を立てて移している。

「できるだけ空気を含ませています」とソムリエ。僕が不思議に思っていたのを見透かされたようだ。たしかにデカンタージュは儀式さながらにおごそかにやるもんだと思っていた。赤ワインを味わっていると隣のテーブルから「出た!」と声が上がった。ソムリエが赤ワインのボトルをシェイクしていたのだ。「出た!」って得意技なのか…?

“

基礎
LECTURE

ソムリエのサービス、ワイングラス、温度による違い

ワインというと、奇怪な表現用語とおごそかなサービスが、馴染みのない人をさらに遠ざけていた部分があったと思います。たしかに、私は駆け出しだった頃（1990年頃）、テレビで抜栓やデカンタージュをソムリエがうやうやしくやっているのを見て感心したものでした。その時のソムリエのコスチュームは今と比べるとかなり派手でした。胸にも襟にも隙間なく何個もバッジを着け、革のタブリエ（前掛け）に、銀メダルのようなものを下げていました。この銀メダルはタストヴァンといって、元々はワインのテイスティングに使っていた盃です。このような出で立ちのソムリエは、現在はほとんどいなくなりました。

ある有名ホテルの重鎮ソムリエはシェリーのサービス・デモンストレーションで、フラメンコを踊っていました。また、その当時、地方のあるイベントに呼ばれて行きましたら、「ただいまより、デカンタージュの儀を取り行います」とのアナウンス。そんな時代でした。

その頃のことを否定するわけではありませんが、ワインのあらゆるサービスは儀式ではありません。もちろん、ソムリエのパフォーマンスのためでもありません。私見ですが、抜栓も、

デカンタージュも根本は作業だと考えていきます。ソムリエのサービスは「正確、かつ迅速に、そのワインがもつ品質を最大限に引き上げてサービスすること」です。

確かに無駄のない、正しい所作は見ていて感心するものです。それをパフォーマンスと感じる方もいらっしゃいます。それは見る側が感じることであり、ソムリエ自身がパフォーマンスとしてやるのは本質と離れている、自己満足に過ぎない行為です。事実、ワインの抜栓もデカンタージュも決して難しい作業ではありません。やり方さえ教われば誰にでもできることです。大切なのは正確に迅速に、そのワインの品質のためにやることなのです。

【温度】

ワインのサービスにおいて、最も重要なのは温度です。言い方を変えると、温度が適切であれば、そのサービスは大変いいものだといえます。逆を言うと、どんなにいいワインを、高価なワイングラスでサービスしても、温度が不適切なら、そのサービスはひどいものなのです。「私のレストランは、立派なワインセラーも、いいワイングラスも、デカンタや備品も揃っていない」と嘆くソムリエがいますが、そんな環境でもワインをいい温度でサービスすることはできます。ワインをサービスする人も、サービスされる人も、温度にはぜひこだわってください。

まず、基本の温度ですが、白・スパークリングは10℃、赤は18℃です。これより低いのが

「低めの温度」、高いのが「高めの温度」です。ソムリエはここを基準に適切な温度でサービスすることに努めます。その適切とは様々な要素が絡むわけですが、最も重要なのは「飲み手の好み」です。ワインをサービスされる方は遠慮なく「もっと冷えているほうが好みです」、「ちょっと冷え過ぎです」とソムリエにリクエストしてください。ボトルでワインをオーダーされたら、そのボトルのオーナー（決定権をもつ人）は支払いをする方であり、ソムリエではありません。

温度を下げた場合の効果は、

- 香りが爽やか、もしくはフレッシュな印象になる。
- フルーツの香りが際立つ。
- 味わいが引き締まった印象になる。
- 酸味が際立つ。
- 渋み・苦味を強く感じる。

温度を上げた場合は、

- 香りが開き、より熟した印象になる。

• フルーツ以外の香りが出る。
• 味わいはソフト、ふくよかな印象になる。
• 酸味はやわらかな印象になる。
• 渋み・苦味がやさしくなる。

大雑把ないい方をすると、価格と温度は比例させて考えることもできます。高額なワインは深みがあり、豊潤です。温度を上げることで真価が発揮されます。廉価なものは、率直さ、爽やかさを身上としているものがほとんどですから、温度が低いことでそのよさをストレートに感じることができます。

ニューワールドのワインは適切な温度帯が広く、低め高め、それぞれでよさを見出すことができます。対してオールドワールド、シャンパーニュ、ボルドー、ブルゴーニュといったオーセンティックなワインは基本の温度が圧倒的によいという特性があります。

【グラス】

グラスはゴルフのクラブのようなものです。ティーショットにはドライバー、次いでアイアン、グリーンではパターといった基本があり、ゴルファーが状況に合ったクラブを選択します。

ワイングラスも白、赤用、またはボルドー型、ブルゴーニュ型と基本はありますが、状況に合わせて変えていきます。大きなグラスと小さなグラスの違いは温度の高低による違いと似ています。

以前は、グラスは大きいほうがいいという認識が強かったです。いいワインだから大きなグラスというイメージです。確かに同じタイプのワインでは価格が高いほうにより大きなグラスを使います。流行りというか、時代の流れもあります。１９９０年代は大きいグラスが人気でした。ワインもBig Wineと表されるヴォリューム感のあるものが求められていた時代です。

今日、高額ワインにおいて、上品さ、緻密さ、バランスのよさが求められます。Big Wineが代名詞のカリフォルニアでもその傾向があります。つまり大きいグラスが価値ではなくなってきて、使用頻度は減ってきています。また、グラスが大きいと香りが広がる、といいますが、広がる分の香りをもっているワインかどうかです。服を選ぶのと同じくサイズが合っていることが大切です。フルーツや花の香りが主体の率直なタイプのワインを大きなグラスで出しても、香りは少なくなるだけです。場合によっては、大きく見せる、小さく見せることも必要なのでワインのいわばサイズとミスマッチのグラスを出すことはあります。これは状況によってなのですが、２種類の白もしくは赤ワインをサービスする際に、最初はあえて小さいグラスにします。また貴腐ワインをスタートに出す場合も小さいほうがいいです。料理との兼ね合いもあります。

魚料理と赤ワインを合わせる際、渋みがあまり立たないように小さめでスリムなグラスでサービスしたりします。また、お客様の気分を考慮して大きなグラスを用意することもあります。

【デカンタージュ（空気接触）】

ワインは空気接触することで風味が変化します。ワインは瓶内で多かれ少なかれ、還元状態となっています。還元とは酸化の反対、つまり酸素不足の状態と理解していただくといいです。そこに酸素が加わることで還元状態が緩まり、香りが立ち上りやすくなります。また酸素により、芳香成分が重合することでより複雑な香りも出てきます。これを促すために行うのがデカンタージュ、デカンタに移す作業です。デカンタは英語で、タージュは仏語ですからいわば造語です。正しくはデカンテーション（英）、カラファージュ（仏）になります。ただ日本ではデカンタージュが最もよく使われる言葉になっていますので、それはそれでいいと思います。

瓶詰めされたワインが一般的になる前、樽からカラフェに移して食卓に運ばれていたのが始まりといえます。瓶詰めが一般的になっても当時はオリが今よりもかなり多く出ていたので、カラフェに移してオリがグラスに入らないようにするのがデカンタージュでした。現在ではオリは少なくなり、より早く（若いヴィンテージが）飲まれるようになったので、デカンタージュの目的は「オリを取り除く」から「空気接触させる」へと変わっていきました。その目的からエアレーションといわれます。ロウソクの火（ライトを使うこともあります）をかざすのはオリの状態を見るためです。つまり、エアレーションが目的で、オリがないことが分かっているワインの場合はロウソクやライトは使いません。

このワインをデカンタージュするか否かの議論は尽きることはありません。飲み手の好み、ソムリエの考え方に左右されるといってもいいでしょう。フランスの若いソムリエはあまりしません。数年前、研修先のパリのレストランでは、かなり高額の若いヴィンテージのボルドーでもしていませんでした。私はボルドーは基本、デカンタージュすることにしています。またアルコール感の強いワインにも効果的です。

デカンタージュをする際は時間に余裕があるかがポイントです。デカンタージュ直後は香りがむしろ少なくなるものがほとんどといっても過言ではありません。30〜60分はおいておくことで豊かな香りが上がってきます。ですから、ご注文いただいて、すぐにサービスしなければならない時はデカンタージュをしないことが多いです。デカンタージュはワインを開かせるための時短にはならないのです。ボトルのシェイクについてですが、私はやったことがないので効果の有無を語るには向きません。ワインが酸欠の状態（還元的）であったり、酸味や渋みが際立ち、固さを感じる場合などには一定の効果があるようです。「より美味しくワインをお客様に味わっていただきたい」というソムリエの気持ちの表れであることは間違いありません。

ソムリエTALK

グラスはもう回さない？

ワインを楽しむ時、グラスをクルクルと回してワインをグラスの中で回転させるのが、一つの作法になっている感があります。クセになっている方はグラスを触っている間は終始グラスを回しています。テーブルマナーの先生は「マナーとしてはよくない」といいます。

　大きなグラスが流行っていた頃、ソムリエもよくグラスを回すことを勧めていました。確かに回すことで香りが豊かになるワインはありますし、手つきよく回す姿は通っぽく感じさせます。

　このグラスを回すという行為はテイスティングをする際にやります。短い時間で香りの細かな部分まで嗅ぎ取り、特徴や状態を掴むためです。ワインを口に含んだまま空気を吸うのもしかりです。テイスティングではワインを飲み込みません。ワインを含んだまま空気を吸うことで口中から鼻腔にぬける香りを捉え、飲み込んだのと同じようにするためです。

　「グラスを回す」のは試飲のために行うもので、食卓の場ですることでは本来なかったことと考えるべきでしょう。

　蕎麦を食べる時に音を立ててすするのに、似ていると思います。「蕎麦の香りを楽しむため」とか「江戸っ子の粋」などともいいます。しかし日本人以外にとってはかなり違和感があるようで、来日中のフランス人に「音を立てるのが蕎麦の食べ方だよ」と教えても決して音を立てることはありませんでした。

グラスを回すのも、蕎麦をすするのもクセとなってエスカレートするのは注意したほうがいいと思います。

実際の効果についてですが、グラスを回すことで熟成が進むことはありません。ただし、極度の還元状態のものはそれが和らぎます。それを除くとたくさん回しても大きな効果は得られません。2~3回程度回せば十分です。

ワインの状態がよく、十分に楽しめるのであれば、グラスを回す必要はありません。また香りが豊かになるのは回した直後だけで、しばらくすると収まります。つまり回すのは香りを嗅ぐ直前にやらないとあまり意味はないのです。

「グラスを回すのはタブー」とはいいません。ワインの状態によって、香りをより楽しむための作法の一つといえますが、それが単にクセになっていないか注意したほうがいいと思いますし、グラスを回さずに楽しまれる姿はよりエレガントで、スマートな印象を与えると思います。

ソムリエ
Memo
8

抑制的な現代のワイン

デカンタージュも、大きなグラスも、グラスを回すのも、香りをより強く感じたい、開いて欲しいという欲求によるものといえます。

近年、よく使われるテイスティングの語彙に「抑制」というのがあります。ポテンシャルは高いはずなのに香りが発散されない状態です。「抑制美」と表されることもあり、香りがすべて立ち上るのではなく、どこか秘められている、それが魅力になっているワインがあるのです。現代の（「秀逸な」と付け加えられる）造り手には、この抑制を求める人も少なくありません。「強い香りは求めていない」と聞くこともよくあります。

このスタイルのワインは、「香りにインパクトのある」スタイルのアンチテーゼともいえますし、時代の流れともいえるでしょう。日本酒の「香り酵母」のように、ワイン造りにおいても、香りを豊かにする技術が多数紹介されています。そういったことを行わず、味わいと共に、香りはより緻密に、より詳細に感じられるワインを目指していると理解しています。

そんな造り手たちは自分たちのワインがデカンタージュされることも、大きなグラスで飲まれることも、グラスを回されることも望んではいないでしょう。そんなワインを大きなグラスに入れて、クルクルと回す行為は、抑制美をスタイルとするワインに「開け！　開け！」と脅迫しているような行為ともいえます。

ソムリエ
Memo
9
ダブルデカンタージュ

デカンタージュ、つまりカラフェに移したワインをボトルに戻すのが、ダブルデカンタージュです。これはボルドーの伝統的な手法です。大変効果が高く、特にオールドヴィンテージ、それも評価があまり高くないヴィンテージに有効です。その名の通り、2回もワインをデカンタージュするのですから、かなりの空気接触を促す行為で若めのいいヴィンテージのほうがいいのではと考えられるかもしれませんが、そうとは限らないのです。

カラフェに移した後、10〜15分おきます。いい香りが上がり始めた頃にボトルに戻します。ボトルはオリが残っていたら取り除くか、水で洗った後、赤ワインでリンス（ワインで濯ぐこと）しておきます。赤ワインであればなんでもいいです。じょうごを使ってボトルに静かに泡立たないように戻します。60〜90分ほどおくと素晴らしい状態でワインを楽しむことができます。

通常のデカンタージュではカラフェの空気接触面が大きく酸化も進むリスクがありますが、ボトルは瓶口のわずかな口径分しかありません。そして液体はたっぷり酸素を含んでいるので、より緩やかにワインは開いていくのです。味わいの食感も大変よくなります。

以前、あるボルドーのグランヴァン1981年の持ち込みがありました。サービス方法などはお任せいただいたので、ダブルデカンタージュをしておきました。すると、「これを6本持っていたのだけど、今までで一番状態がいい！」と感激されていました。このダブルデカンタージュのいいところは、ワインのラベルを確認できることです。カラフェでサーブだとボトルを確認していない方はなんだか分かりません。ワインはラベルも大切ですから、それも楽しんでいただけるのです。

7

チーズ

チーズのために
ワインを選んでみよう。

大航海時代が生んだワイン。

料理の理想のオーダー。

”

妻とのクリスマスディナーに選んだ銀座の老舗高級レストラン。老舗にはあまりいいイメージがないのだが、昨年、三ッ星に返り咲いたということでやってきた。顔見知りのソムリエさんが連絡しておいてくれたおかげかシェフソムリエの方がテーブルを担当してくれた。

「おまかせでよろしいですか?」と、少し高くて薄い声。すると誰もが知る、愛好家垂涎の有名銘柄が続々と注がれる。「会計はどんなことになるのか…」。会計という恐怖も同席したテーブルでのディナーとなった。

それにしても、どれも素晴らしい。グランヴァン（偉大なワイン）はグランメゾン（高級フランス店）で楽しむからこそ、その真価を味わえるのがよく分かった。それにしてもこのシェフソムリエ、気配りが半端ない。水が欲しいなと思うと言わずとも水を聞いてくれ、妻が寒そうにしているとひざ掛けを持ってくる。隣のテーブルにはシミ抜きを持っていっていた。「ソムリエってスゴイな…」。

今まで味わったことのないような美味しさの赤ワインをすっかり堪能。すると、サービスの方が大量のチーズを載せたワゴンを押してやってきた。丁寧に全部説明してくれたが、覚えているのはカマンベールぐらい。聞いたそばから耳から流れていく。「和食でいうお新香のようなものですよ」とサービスの方。「お新香、ワゴンに並べないだろ…」。

“

基礎
LECTURE

チーズを楽しむ

グランメゾンの楽しみの一つに数十種類ものチーズが並んだワゴンサービスがあります。フランス人にとっては食事の締めとして欠かせないもので、レストランのプレステージを示すためにも充実したセレクションを揃えます。ワインとの相性も大変素晴らしく、「赤ワインはチーズのために残しておくべし」ともいわれます。チーズのためにワインを選ぶのは大変ハイクラスな食事の楽しみ方です。ボトルで注文しなくても、バイザグラスでもいいです。

チーズは高タンパクで、カルシウムやビタミンが豊富（C以外）と非常に栄養価が高く、脂肪分を多く含みますがチーズの脂肪は生のまま（火を通さず）だと大変燃焼しやすいという特徴をもっています。フランスでは「チーズが消化を助ける」とも聞いたことがあります。以前、仲間とフランスを旅行して星付きレストランや地方料理を食べ歩いたことがあります。そのうちの一人は苦手といって一度もチーズを食べませんでしたが、帰国してみると、チーズを毎ディナー食べていた我々よりはるかに体重が増えていた、ということがありました。それがチーズのおかげとは言い切れませんが、多かれ少なかれ効果があったのではないかと思います。

【チーズとワインのペアリング】

「美味しいワインとチーズがあれば幸せ」というワイン愛好家は多いので、好みの相性を覚えておくとワインの楽しみは増大します。

【楽しむための7つのポイント】

1　産地を合わせる

必ずしもではありませんが、たいていのワイン産地ではチーズもつくられています。ブランデーの産地のチーズというのもあります。土地のもの同士の相性は間違いありません。

2　熟成を合わせる

チーズの世界には熟成士という職人が存在します。フランスはMOF（国家最優秀職人章）の対象職業とされ、大変尊敬されています。それほどにチーズは熟成いかんで品質に大きく影響するのです。ワインとチーズの熟成感を合わせるのが一つのポイントです。熟成が進んだチーズは見た目から大きく違います。

3　風味を合わせる

2の熟成のポイントと共通しますが、フレッシュ感のあるワインにはフレッシュチーズ、コクのあるワインにはコクのあるチーズというように力関係を合わせます。香りもしかりです。アロマティックなワインには香りの豊かなチーズがいいです。

4　甘みと塩味

甘口ワイン、また甘みが感じられる豊潤なワインには、塩味の強いチーズが合います。

5　白ワインとスパークリングワイン

レストランでチーズを食べるタイミングは赤ワインが食卓にあるというのが圧倒的に多いでしょう。しかし白ワインとスパークリングワイン、実はチーズとよく合うのです。特にフレッシュタイプ、白カビ、シェーヴル（山羊乳）。ハードタイプと赤ワインとは違った相性を見せてくれます。赤ワインと肉料理を楽しんだ後のリフレッシュというのもいいでしょう。

6　ポートワイン

チーズといえばポートワインというほどに王道のペアリングです。歴史が育んだ食べ合わせは、とてもしっくりくるものです。

7　デザート

チーズの後にはデザートがあります。そのデザートを考慮してワインやチーズのセレクトをするのもポイントです。赤ワインではなく、甘口ワインを選ぶ場合にデザートに合わせたものにしておいて、それに合うチーズを選ぶと、大変よい流れになります。

【チーズのタイプ別ワインの楽しみ方】

●フレッシュタイプ

熟成、加熱、プレスをしないチーズで、シェーヴル、モッツァレッラ、リコッタ、フェタチーズなどチーズワゴンに並ぶよりも、サラダなど前菜に使われることが多いのです。ワインはフレッシュで活き活きとした酸味のものがいいです。

☆白ワイン／アシルティコ（ギリシャ）、アルバリーニョ、ヴェルデホ（スペイン／ポルトガル）、アルネイス、グレコ・ディ・トゥーフォ、ヴェルメンティーノ（イタリア）、ソーヴィニヨン・ブラン

★赤ワイン／カベルネ・フラン、ガメイ、ピノ・ノワール、ヴァルポリチェッラ（イタリア）、ツヴァイゲルト（オーストリア）

◎王道ペアリング

モッツァレッラ × グレコ・ディ・トゥーフォ

●白カビタイプ

表面に白カビを繁殖させたチーズで、クリーミーで風味がマイルドなので食べやすいものが多いですが、熟成と共に香り、味わい共に濃く、深い風味となります。カマンベール、ブリ、シャウルス、サンタンドレなど。ワインはほどよいコクのあるものがいいです。フレッシュタイプのワインと同系統でより味わいのしっかりしたものになります。

☆白ワイン／シャンパーニュ、シャルドネ（木樽を使わないタイプ）、シュナン・ブラン、グリュナー（オーストリア）、リースリング、セミヨン、ソーヴィニヨン・ブラン

★赤ワイン／カベルネ・フラン、ガメイ、ピノ・ノワール、バルベーラ（イタリア）、メンシア（スペイン）

◎王道ペアリング

ブリ × ボルドー

シャウルス × シャンパーニュ

●シェーヴル
山羊乳のチーズで香り、食感が特徴的で、酸味もあります。フランスでは春になるとシェーヴルがズラリと並びます。ロワール地方名産ということでロワールワインが定番で、ロゼやスパークリングとも楽しめます。
☆白ワイン／シュナン・ブラン、ソーヴィニヨン・ブラン、ヴィオニエ、オフドライ（口当たりが甘い）のリースリング、アシルティコ
★赤ワイン／カベルネ・フラン
◎王道ペアリング
クロッタン × サンセール

●ウォッシュタイプ
表面を塩水もしくはブランデーなどで洗い熟成させた、表皮がオレンジ色をしたチーズ。エポワッス、ラングル、マンステール、ルブロッション、タレッジョなど。風味が大変強いものが多いです。ワインはその強い香りに対抗できるアロマティックなものを合わせます。
☆白ワイン／シャンパーニュ、ゲヴュルツトラミナー、ピノ・グリ、マルサンヌ、ルーサンヌ、セミヨン、フランチャコルタ（イタリア泡）

★赤ワイン／ブルゴーニュ、ネッビオーロ（イタリア）、トゥルソー

◎王道ペアリング

エポワッス × ジュヴレ・シャンベルタン

ラングル × シャンパーニュ

マンステール × アルザス・ゲヴュルツトラミナー

● 青カビタイプ

表面に青カビを繁殖させて、熟成させるチーズです。塩味が強く、青カビ独自の香りがあります。ロックフォール、フルム・ダンベール（フランス）、ゴルゴンゾーラ（イタリア）、スティルトン（英国）が大変有名です。甘口の白ワインを合わせるのが定番とされています。

☆白ワイン／シュナン・ブラン、リースリング、ソーテルヌ、トカイ（ハンガリー）など

★赤ワイン／グルナッシュ（ジゴンダス、バニュルスなど）、ポート

◎王道ペアリング

ロックフォール × ソーテルヌ

ゴルゴンゾーラ × ヴィンサント

スティルトン × ポート

●ハードタイプ

プレスして水分を抜き、熟成をさせるチーズ。プレスの加減により、セミハードタイプもあります。長期熟成（18〜42カ月）させたハードタイプは深いコクと旨味があります。コンテ、チェダー、ラクレット、マンチェゴ、ミモレット、パルミジャーノなど。ワインは熟成感のある複雑性のあるタイプがいいのでしょう。

☆白ワイン／シャルドネ

★赤ワイン／ボルドー、アリアニコ、ネッビオーロ、サンジョヴェーゼ（イタリア）、リオハ、

◎王道ペアリング

コンテ × ヴァンジョーヌ（サヴァニャン）

マンチェゴ × シェリー

ソムリエTALK

大航海時代の主役ワイン

フォーティファイド・ワイン（酒精強化ワイン）は、醸造過程で高濃度のアルコールを添加して造られるもので、ポート、シェリー、マデイラが代表的で長い歴史があり、大変好むのは英国人です。

対してアメリカではポピュラーではありません。アメリカのソムリエたちは「あまり置いてないよ。飲むというお客様がいないから、（ワインの状態が）悪くなるだけだ」と話していました。

日本では馴染みがあります。日本に最初に入ってきたワインはポートといわれています。シェリーも食前酒として定番ですし、スペインバルの人気でシェリーを楽しめる機会は増えました。これらのフォーティファイド・ワインは大航海時代、ヨーロッパからアフリカ、アメリカ、アジアへと向かう船に積まれ、世界を旅しました。アルコール添加をすることでその長旅に耐え得るよう仕上げられたという経緯があります。まだマデイラは赤道を越えた際に受けた熱がいい風味になるとされ、「インドから帰還したマデイラ」は珍重されたという歴史もあります。

シェリーは食前だけでなく料理とも楽しめますし、ポートやマデイラは食後を締めくくるには最高の一杯となります。さらにフォーティファイド・ワインは大航海時代という壮大な物語をも楽しめる魅力的な飲み物です。

●ポート

ポルトガル北部ドウロ川に沿ってブドウ畑が広がります。ワインは川を下り、河口にあるオポルトの港から出荷されることでその名が付いています。その品質を守るため世界で最も早くワイン法が施行されたという由緒あるワインです。熟成法によりいくつかのタイプがあります。

［ルビー］エントリーレンジで熟成感はなく、果実感のある親しみやすい味わいで食前向き、もしくはソーダやジュースで割ったカクテルとしても楽しめます。

［ヴィンテージ］優れた作柄の年のみに生産が許される高級レンジ。非常に複雑な風味をもち、長期熟成が可能。オリが多く出ているので、デカンタージュしてサービスされます。ロックフォールとの王道ペアリングは、このヴィンテージポート。

［レイトボトルヴィンテージ（LBV）］ヴィンテージポートより長い熟成をさせてから瓶詰めされ、オリはほとんどないので扱いやすく、価格もヴィンテージよりは安め。

［トウニー］その名の通り（＝琥珀色）、長期の樽熟成により琥珀色になったポート。ヴィンテージは付けず、20年、30年、40年と熟成平均年数がラベルに記載されます。開栓後、風味が劣化しにくいのでバイザグラスでサービスすることが可能で、チョコレ

ートとの相性が大変いいです。

●シェリー

スペイン南部アンダルシア地方産。大航海時代には船にシェリーの樽を格納するスペースが必ずとられ、欠かさずに積まれたくらい非常に人気を集めたといいます。シェリッシュという町の名前がその由来。他のフォーティファイドと違うのは辛口に仕上げられるという点です。あともう一つ、フロールと呼ばれる酵母の膜を液面に繁殖させて樽熟成を行うことです。このフロールが咲くことで、へーゼルナッツやクルミ、杉板が焼けたような香りがワインに移ります。また表面をフロールが覆うことでワインが酸化から守られこのフロールの咲き加減でタイプが変わります。

［フィノ］フロールがよく咲いたもの。青リンゴのようなフレッシュさ、キリリと引き締まったドライな味わいが特徴です。食前酒に相応しいタイプ。イワシやアジなど光り物にヴィネガーを効かせたマリネ、酢の物。またカラスミやクチコなど、和食の珍味にも合います。

［マンサニージャ］フィノ同様ですが、サンルカール・デ・バラメダという海に近いエリアで生まれるものです。味わいに塩味が感じられるのが特徴です。

［アモンティリャード］フロールのもとで熟成させ、フロールが消えた後も熟成を続けさせることで酸化的熟成を一部行ったタイプで、褐色を帯びます。より複雑な風味をもち、料理と合わせて楽しめます。中国料

理の醤油煮や紹興酒を使ったものとよく合い、フカヒレ煮込みとも大変いい相性です。アーティチョークは定番食材です。

［オロロソ］フロールを介しない熟成をさせた最も複雑で力強いタイプ。肉料理と楽しまれ、特に、牛テールや牛頬、豚足などゼラチン質の豊富な部位、マッシュルームと調理した（ローストもしくは煮込み）料理が定番です。上質な老酒と共通する風味があるので、これも中国料理、北京ダックと素晴らしい相性を見せます。

●マデイラ

アフリカの大西洋沖に浮かぶポルトガル領の島です。年間通して気温が25℃前後と大変過ごしやすいことからリゾート地として人気があります。日照に大変恵まれ、ワインの熟成をあえて温度の高い熟成庫で行うことで、加熱による独自の風味を備えます。人工的に加熱したものは調理、製菓用に使われます。この加熱の工程により、瓶詰め後のワインは極めて安定し、100年以上の熟成も可能になります。現地で1800年代のマデイラをテイスティングさせていただきましたが、いつ開栓したかと聞くと、「1週間くらい前かな」とのんびりした答えが返ってきて、とても驚きました。

セルシアル、ヴェルデリョ、ボアル、マルムジーとブドウ品種名が記載され、順に甘さが強くなっています。食後酒に相応しく、シガーともよく合います。

ソムリエ Memo 10

1本のワインを楽しむための料理オーダー

今日、レストランではコースメニューが一般的なオーダーとなっています。特に近年は皿数が増えています。ワインをボトルでじっくり楽しむためには皿数は多いよりは少ないほうがいいです。様々な料理と合うワインというのはなかなかありません。料理が変わるたびにワインの印象は影響を受けます。時には悪い影響もあります。

そういった意味で理想的なオーダーはコースメニューというより、アラカルトで前菜、メインディッシュという2皿構成です。メインと合わせてワインをオーダーしておけば、メインディッシュの時に最良の状態でワインを楽しむことができます。チーズも合わせて選ぶことができます。開けてから十分な時間を経たワインとチーズの相性も格別です。前菜に合わせてグラスワインを1杯楽しむのもいいでしょう。人数がいるのであればボトルでオーダーしてもいいです。料理は同じものをオーダーするのが理想的です。アラカルトがあるレストランではぜひ一度お試しいただきたいです。ワインをじっくり堪能することができます。

ソムリエ Memo 11

次を考える

前菜、メインの2皿、それもオーダーは揃えてといわれても、それじゃあつまらない、と思われるのは、少しずつ、いろいろなものをというのが好みという日本人なら当然と思います。

そこで生まれたのが今日の皿数の多いコースメニューです。このようなコースメニューでワインを楽しむ際に重要なのは、次を考えることです。つまり、それぞれのペアのことだけ考えるのではなく、次にくる料理は、次に合わせるワインは、を考えることです。

コースというのは流れが大切です。似通ったワインが続いたり、全体的に重くなり過ぎたりしないように次を考えてワインを選び、準備をすることで、流れのいいコースを楽しんでいただけます。これはお客様にとっても共通することだと思います。

「アペリティフで頼んだシャンパーニュは前菜まで合わせることができるな」となれば、ソムリエに「前菜までいきます」と伝えておきます。それを踏まえサービスしてもらうためです。

「次は白ワインか。メインにはブルゴーニュを合わせたいから白は違う地方がいいかな」、「白の空くペースが早いから、メインのブルゴーニュの前に軽めの赤を入れようか」と次、次を考えておくことで、予算オーバーも防げますし、いい流れで食事を満喫できると思います。そういったプランを初めにすべて、ソムリエに伝えておくことで、思い通りのサービスを受けることができます。もちろんこれはソムリエが十分に留意することでもあります。

8

ホストテイスティング

ホストテイスティングの
本当の意味。

ソムリエとの対話を楽しむ。

気に入らなかったら、
返品できる?

”

ワインの銘柄も、味も大分分かってきたと思う。ワインのオーダーもすっかり板についた。おかげで接待相手がワイン好きとなると必ずお声がかかるようになった。このあいだは社長の接待の席に同席させてもらい、「君はなかなかスマートな男だな」と褒めてもらった。

ワインを学ぼうと決めた時はここまでいいことが起こるとは思いもしなかった。それにしてもトップビジネスマンは本当にワイン好きが多い。ビジネスと通ずるところがあるんだろうか。そういえば、『仕事のできる人はなぜワインにはまるのか』（猪瀬　聖著、幻冬舎）という本もあったな。今度買ってみよう。

丸の内のカジュアルレストラン。社内の集まりには会社のすぐ近くということで、よく使っている。いつ来てもいっぱいでピークの時間帯は行列ができる。ワインの品揃えが豊富で世界中のワインが品種ごとにラインナップされている。

「お味見されますか？」

おっ、高級店以外でそんなこと聞かれたことがなかったな。それにしても、このホストテイスティング緊張するんだよな。結構です、だけでいいのか、気の利いたコメントを言ったほうがよいのか…。うん？　これなんかおかしい。これがブショネというやつか。でもなんて言おう？　取り替えてくれるのかな…。変なこと言って浮かないかな…。

“

基礎
LECTURE

ホストテイスティングの意味

ホストテイスティングの始まりは毒味という説があります。ホストが目の前で最初の一口を飲んでみせることで、安全であることを相手に示したといわれています。また、ワインの状態が安定したのは、ここ数十年のことですから、おかしくなっていないかチェックするという意味があったことも想像に難くありません。

現在では、ワインの品質はきわめて安定しています。またソムリエが開栓後チェックをしていますから、ホストテイスティングは端折ってもいい行為となっています。欧米でも「君がチェックしてくれたんだろ？　じゃあ大丈夫」とOKを出してくれる方はよくいらっしゃいます。会話も途切れてしまいますし、テーブルが一瞬シラッとしてしまいますからね。それでも私はホストテイスティングをお勧めします。

ホストとして「皆さんのおもてなしにこのワインを選びました」という意志が伝わる一瞬だと思うからです。「美味しいワインを選びましたよ、ぜひ楽しみましょう」というメッセージにもできます。大変上手な方がいらっしゃいました。ある大企業の社長をされていた方で、ワインはとても詳しいというほどでもなく、高額なワインを選ぶ方でもありませんでした。「こんばんは。今日もよろしく頼むよ。どの辺りをお勧めしてくれる？　なるほどよさそうだね。よしこれにしよう」と。テンポがとてもいいのです。そして、ホストテイスティングでは、「おー、どれどれ…うん！　すごくいいね。皆さん、とてもいいと思いますよ。ぜひ召し上がってください！」です。

そのテーブルの皆様はすっかり美味しい笑顔になるのです。こんな風に場を盛り上げられる、いい機会を逃す手はありません。そういうパフォーマンス的なことは苦手という方はいらっしゃるでしょう。とはいえ、やっていただきたいです。ホストとしてゲストにお出しするワインを確かめるのはゲストへの敬意になると思うのです。この食事を楽しんでいただきたいという気持ちの表れです。料理の味見をしないで食卓に出すおもてなしはないのと同じです。

おもてなしの席ではなくてもホストテイストをするべき大きな理由は「確認」のためです。何を確認するかというと、温度とコルク臭についてです。ソムリエである私がこんなことを言ってはいけないのですが、適切な温度でサービスするのが我々の使命ですが、時には上手くいかないこともあります。レストランはまさに「現場」です。どの世界でも現場では思いも寄らないことが起きます。かくいう私も顔から火が出るような思いを何度もしたことがあります。

6章のワインのサービスでも触れましたが、ワインを美味しく飲むために最も重要な要素は温度です。ぜひお客様である皆さんもこだわって欲しいと思います。味見をして気になったら遠慮なく声をかけてください。「もっと冷えていたらいいな」と思ったワイン、もしかしたらソムリエがあえてその温度で出したのかもしれません。「お客様、このワインはこれより低い温度では香りや味わいが閉じこもってしまいます」と言うかもしれません。しかし遠慮はいりません。そのボトルのオーナーはお客様です。「あなたが代金を支払ってくれるなら、この温度で我慢しますよ」と心に思い、「あなたの言うことは分かりますが、温度を下げてもらえますか」と指示してください。ソムリエはホストのアシスト役ですから。

もう一つの理由、コルク臭。コルキー、ブショネともいわれます。ワインの栓として多く使われる天然コルクが原因となり生まれる成分（通称ＴＣＡ）がある程度の量を超えるとワインの異臭として感じられます。この臭いに気付く人は多くはありません。ソムリエでも気付かずサービスしていることもあります。しかし気付くようになるともう決してそのワインを飲めません。それだけの異臭なのです。

30年になるソムリエの経験のなかでも、コルク臭を指摘されたのは片手で数えられるほどしかありません。それは指摘されなくても、当人が気付かなくても結果に表れます。コルク臭のワインは飲み残されるのです。お客様がお帰りになった後、ボトルに5分の1くらいワインが残っている。それをチェックするとコルク臭であることがよくあります。つまり気付かない、知らないだけで、美味しくない、飲み進まないと感じているのです。

その臭いは食品の異臭とも共通します。つまり異臭を嗅ぎながら食事をすることになるのですから一大事です。どんな臭いかというと塩素系の臭いです。学校のプールのあの臭いです。また湿ったダンボールや新聞などの臭いともいわれます。コルク臭は間違いなく返品対象です。その異臭がつくだけではなく、フルーツの香りなどワイン本来の香りが感じられなくなり、また味わいにも苦味やザラつきが出ます。つまり明らかに本来の状態ではなくなっているのです。

ホストテイスティングを飛ばすということは、これでいいと了承したことになります。もしそんな臭いを感じたら、「気になる香りがありますが、コルク臭とは違いますか？」と言ってみてください。仮にソムリエが認めなくても、その後その臭いが気になり続け、苦味やザラつきを感じたら、それはコルク臭です。「やはり臭いが消えないのですが」と声をかけましょう。それでも認めなければ、その店を二度と利用しないようにしてください。お客様のクレームに対応しない店がいい店のはずがありません。料理がしょっぱいと言っても、「お客様、こちらは…」とくるに違いありません。

【ソムリエとの対話】

「ソムリエさんと気の利いた会話をしたいのですが」

時折、聞かれます。ソムリエは本当に恵まれた職業です。「話がしたい」と思ってもらえるのですから有難いことです。客観的に見ても、たしかにソムリエと会話を弾ませることができるホストは格好いいと思われるのではないでしょうか。ソムリエも基本、お客様と話したいと思っていますので、気兼ねすることなく話しかけていただければ嬉しいです。

ではどんなふうに声をかければいいのか、というのが問題なのかもしれませんが、接客側であるのですから、どんな話でもお客様に合わせるのが仕事なのですが、話を盛り上げにくいネタというのはあります。他の店やソムリエのネガティブな感想。お察しするところはあっても、明日は我が身、自分も言われるのかなと思うと口は重くなってしまいます。以前飲んだワイン（特に高額な）の話。素晴らしい体験をシェアしたいというお気持ちは嬉しいのですが、ご同席のお客様は置いてきぼりになっていないか心配になります。

やはり、今飲んでいるワインのポジティブな感想については話が弾みます。特に私は求められない限り、このワインはどうだこうだと説明をするのは最小限にしていますので、興味をもっていただければ「実は…」となります。

「このワイン、美味しいですね。どんな産地なのですか？」、「料理とよく合いますね、どんなポイントで合わされたのですか？」といった感じでしょうか。ソムリエがお客様に「こんなことを聞け」とはおこがましい限りですが、あくまで参考までに、ということで。もちろん、ネガティブなことでも気になることがあればご遠慮なく。「酸味が強いですね」とか、「以前飲んだ時より軽い感じがする」など率直な感想も大変参考になります。やはり大切なのは、テーブルの皆さんと楽しい時間を過ごすことですから、そのために我々を活用していただければ幸いです。

ソムリエTALK

オフフレーバー

●コルク臭

ワインの欠陥をオフフレーバーといいます。その最たるものがコルク臭です。天然コルクの5～7%の確率でコルク臭は発生します。15本に1本というかなり高い確率です。コルクはコルク樫の樹皮を剥がし採取しますが、一度採取してからまた採れるようになるまで10年ほどおく必要があります。ワインの生産が増えた90年代後半は、需要に応えるために生産を急ぎ、このスパンが短くなったためにコルク臭が増えたともいわれています。確かに90年代後半のワインはコルク臭が頻繁に見つかりました。

●還元臭

生産者はワインが酸化しないように様々な対処を施します。それが裏目に出ることがあります。それが還元です。その還元が過ぎると、硫化水素が発生し、ガーリック、温泉卵、傷んだキャベツのような香りがつきます。これは空気接触をさせてもなくなりません。

●揮発酸

Volatile Acidity、略してVAと呼んでいます。ヴィネガーの臭いです。発酵および熟成中に酢酸菌が発生することで起きます。技術の進んだ現代でもオールドワールド、ニューワールド問わず、見つけられます。また酢酸エチルという成分が発生すると除光液のような臭いがつきます。

　また発酵の一種でブレタノマイセスが強くワインに影響すると馬小屋臭といわれる異臭がつきます。Brettanomyces、略してブレットと呼びます。野生酵母で発酵を行ったワインに見られることが多く、クラフトビールや日本酒にも含まれるものがあります。

●PREMOX《プレモックス》

　1990年代後半にフランス・ブルゴーニュで見つかった早期酸化現象ともいいましょうか。Premature Oxydation を略して Premox といいます。当時、ブルゴーニュでは生産過程において酸素との接触を多く行っていたために起きたと指摘されています。また先述のような理由からコルクの質が問題だったともいわれています。現在は改善されていますが、90年代後半、特に96年、97年のブルゴーニュの白ワインを購入する時は注意が必要です。

　正確な統計ではありませんが、コルク臭を含めてこのようなオフフレーバーをもつワインが8〜10％あるといわれ、生産者はそれを起こさないよう日夜努力をしています。

　オフフレーバーとして挙げたこれらの事象については欠陥とは言い切れないところがあります。造り手があえて、そういう造り方をしている場合もあるからです。馬小屋臭も

「複雑性を与える動物的な香り」と評価する人もいれば、ブレットとして欠陥扱いする人もいます。この議論は尽きることがありません。これは、それぞれの立場で考えればいいと思います。醸造家、ジャーナリスト、批評家、ソムリエ、そして消費者として…。

ソムリエとしては「このワインは長い歴史があり、個性として理解されてきた。そして十分心地よく楽しめるし、料理とも合わせることができる」となれば買い付けますし、お勧めもします。そういった点では、コルク臭とは違い、必ずしも返品対象にはなりません。

ソムリエ Memo 12

スクリューキャップ

コルク臭は生産者にとってても大きな問題です。栽培から瓶詰めまで短くて1年、長いものでは2年以上もかけて造り上げたワインが手の及ぶ範囲ではないところで欠陥商品となってしまうのですから。高額ワインであればその被害は大変なものです。

そこで天然コルクに代わる栓の開発が進みました。その最たるものがスクリューキャップです。「ワインの栓はコルク」というイメージが定着しているなかで、スチール製の栓は評判の悪いものでした。しかしこの栓、非常に高い機能性をもつのです。まず開けやすい。そして閉めやすい。もちろんコルク臭のリスクはありません。当初は「スクリューキャップではワインは瓶熟成しない」と指摘されましたが、酸素をごく微量に透過するスクリューキャップが開発されました。コルクは酸素を透過する特性があり、それが熟成を進めるのですが、その酸素量はコントロールできません。しかしスクリューキャップではそれが思いのままなのです。

導入が最も進んでいるのはオーストラリア、ニュージランドです。日本でも近年増えています。銘醸ワイン産地、ボルドーではほとんど見かけることはありませんが、コルクよりスクリューキャップのほうが熟成に優れていることを生産者たちは認めています。

唯一残るスクリューキャップの問題はイメージです。アメリカではコルクが多く、特にプレミアムレンジはほぼコルクです。よってアメリカが主要な販売先の生産国もコルクが主流です。

コルクメーカーもコルク臭撲滅に執念を燃やしています。いずれにせよ、スクリューキャップは今後ますます増えていくでしょう。未来のソムリエはソムリエナイフを持っていないかもしれませんね。

ソムリエ Memo 13

ワインの返品

「味見してよくなかったら、ワインを取り替えてもらえるのですか?」

昔も今もよく聞かれる質問です。答えはイエスです。もちろん条件付きですが。コルク臭なのか、オフフレーバーなのか、とにかくお客様が気になるのであれば取り替えるべきです。

「正常なワインでも取り替えるのか?」。今度はソムリエから質問されるでしょう。答えはイエスです。こんな二つのエピソードがあります。

ある高級レストランで注文した数万円もするワインにコルク臭がしたそうです。その方はワイン通でコルク臭を認識しています。ソムリエに伝えても認めてもらえませんでした。飲む気がしないので、別のもう少し価格の低いワインを注文したそうです。時間が経つとますますその臭いは際立ち、再度確認を求めましたがソムリエはやはり認めない。ほどなくシェフが挨拶に来たので、そのグラスを嗅いでもらい意見を求めたが何も言わず戻ってしまった。その後、ソムリエがやってきて言ったそうです。「このワインは返品がきかないのでお代はいただけますか」。

あるファミリーレストラン。ワイン仲間と入り、ワインを注文。明らかなコルク臭。ダメもとで店員に伝えると即答で「お取り替えします」。

どちらもお客様から聞いた話です。おそらくご両人ともこの体験を多くの人に話すでしょう。特に前者のほうを、より多くの人に。前者はもうリピート（再来店）しません。後者は必ずリピートするでしょう。気持ちは分かります。数万円のワインをロスともなると大問題です。しかしそれをスパッとお下げすれば、別のワインをご注文いただける、それより高いワインになることもあります。そして何よりまた来ていただけるのです。店として年間でどれほどのメリットになるのか考えれば、その1本のロスは顧客獲得費用と考えれば何でもないことです。

「この味が好きではない」も同様です。「ぜひお気に召したワインでお食事をお楽しみくださ い」とワインリストをお持ちします。下げたワインはグラスワインでサービスすることもできるのですから。「ワインを楽しみたい」というサインが発せられているのですから、ワイン愛好家の顧客獲得チャンスと考えるべきなのです。

条件付き、といいましたが、お下げしたワインをご請求する場合もあります。その判断については別の機会に。

9

ペアリングコース

ペアリングコースの楽しみとは?

ペアリングを楽しむための
5つの相性パターン。

ペアリングは、
バランス型、ミスマッチ型、同郷型。

”

「コースメニューに合わせてペアリングコースになさいますか？」

麻布のフレンチレストラン。コースメニュー1種のみ、有名店で腕を磨いたシェフが独立、最近多いパターン。そしてこの手の店でやっているのがペアリングコース。腰は低いけど眉間にずっとシワを寄せたサービスの方のお勧めに従ってみた。

料理とワインの相性はマリアージュというはず。いつからペアリングに変わったのだろう。マリアージュ（結婚）は破談も多いからかな。結婚は必ずしも相性がいいとは限らないしな。

「シェフ、5番テーブル、ペアリングです」

我々のテーブルのことだな。シェフにわざわざ伝えるんだ、料理に違いあるのかな。次々と来店するお客さんもみんなペアリングコースを頼んでいる。ここではそれを頼むのが流儀なのか。さっきからワインの準備しているあの人がソムリエなんだな。ソムリエコスチュームを着ていないし、ブドウのバッジもしていない。ソムリエ資格をもっていないのか。上着も着ていない。そういえば、先日ワイナリー巡りに勝沼に行った時、ランチに寄ったレストラン、エプロン姿の主人らしき人、動きがキレキレで只者じゃない感半端なかったな。あの人もソムリエだったよな。最近じゃソムリエも色々な人がいるんだなあ。

“

基礎
LECTURE

ワインペアリングを楽しむ

ワインはボトルで楽しむのが真髄です。同時に世界で広くワインが生産され、飲まれるようになり、楽しみ方が多様化しています。アメリカで1990年代に広まったのはBy the Glassつまりグラスワインです。今では当たり前のこのサービス。当時は大変ユニークなもので、「ワインの醍醐味ではない」、「開けてから時間が経ったワインの状態は？」など賛否両論、喧喧諤諤でした。当時は否定的なソムリエのほうが多かったのではないかと思います。

グラスワインが定着し、コースメニューが一般化し、皿数がますます増えることで、ボトル一本で通すことが難しくなったことの必然としてワインペアリングコースが生まれました。世界的に本格化したのは2000年頃だと思います。フランス料理の重鎮、アラン・サンドランス氏（ルカ・キャルトン、パリ）は1980年代半ばよりペアリングの提唱を始め、2000年に「Le vin et la table」（ワインと食卓）というペアリングに関する本を出しました。ちょうどその頃、シドニーの和久田哲也氏のレストランTetsuya'sはペアリングを始めていたといいます。また同年の世界最優秀ソムリエコンクールの決勝で「コースメニュー一皿に1種のワイン、すべて違う生産国のものを合わせなさい」という課題が出題されました。まさにペアリングコースです。コンクールの課題はインパクトが大きく、コンクールを目指す、または注目しているソムリエはそれらの課題について掘り下げるようになります。

料理に舌鼓をうつ、ワインに喉を鳴らす、いずれも単体でも成り立つ楽しみです。世界中で素晴らしい料理とワインが造られるようになったことで、「料理とワインのハーモニー」への興味が生まれてきたと理解できます。より洗練された食事の楽しみ方といえるでしょう。もちろん、この「料理とワイン」ははるか以前から食文化とした育まれてきたものではありますが、都市部のレストランではそれほど意識されていませんでした。テレビドラマ『王様のレストラン』（1995年）で、シャンベルタンを飲みたい客と料理に合わないからと違うものを勧めるソムリエの押し問答がコミカルに再現されていましたが、とても的を射ていたと思います。

ペアリングコースはコースメニューの料理一皿ごとにワイン（時に他の飲料）がサーブされます。初歩的な話になりますが、ソムリエもお客様もまずそこがポイントであることを認識しなくてはなりません。今日、「ペアリング」という言葉が先行しています。ペアリングコースの途中で「そんなに飲めません」、「何杯出てくるのですか？」と怪訝そうな顔をされることが間々あります。

ワインの種類が皿数と合っていないという店側の理解不足ももちろんあります。料理が5皿なら5種のワイン、15皿なら15種です。ペアは1対1ですから。もう一つのポイントは「ソムリエおまかせコース」でもあるということです。「ブルゴーニュがいい」、「この品種は苦手」といったリクエストを基本的に受けるものではありません。幅広く用意して、そのようなお好みに対応している店もありますが、「ペアリングを楽しむ」という主旨からは若干ズレてしまいます。「どんなワインが出てくるのだろう」という発見の喜びもペアリングコースの醍醐味です。会話を楽しむのもポイントだと思います。「こんなワイン、知らなかった。自分ではまず選ばないな」、「フォワグラと合わせると甘みが出る」、「付け合わせの野菜ともすごく合って美味しい」という会話が弾んでいるテーブルはとても雰囲気がいいものです。

それとは逆にお話に夢中で、料理は食べ終わってもワインにほとんど口をつけていない方も時々いらっしゃいます。会食には様々な主旨があります。久しぶりに会った友人とじっくり話がしたい、または接待のような席にはペアリングは不向きで、好みのボトルなりグラスワインを選ばれるのがいいと思います。「ワインを選ぶのが面倒」、「予算が心配」ということからペアリングにされている方も少なくありません。そういった場合は予約時に「ワインはお任せしますので総額一人1万5000円で収まるように用意してください」とリクエストすれば大丈夫です。

ソムリエTALK

ペアリング考察

料理とワインがどう合っているか、どうみればいいのか、そんな疑問もあるかと思います。ソムリエがペアリングをどう組み立てるのかをお話しします。

まずワインをテイスティングします。そして料理を小さめの一口分食べます。よく噛み、風味がより口中に広がるようにします。料理を飲み込んだらすぐにワインを口に含み、ほどよく口中に行き渡らせて吐き出します（ソムリエはテイスティングでは飲み込みません）。このペアリングチェックはシェフと一緒に行うのが効果的です。シェフはその料理の魅力、どこを味わってもらいたいかイメージがあります。そのシェフが一番気にいるペアリングが最善なのです。ソムリエとは違う感想をもつことがよくあります。そんなズレを修正していくことで感動を生むペアリングを組み立てていきます。私はこの作業をチューニングと呼んでいます。

【相性のパターン】

パターン―1― 料理を引き立てる

ワインを含むと口中がワインの味になります。ワインがなくなった後、徐々に料理の風味が戻ってきます。そしていつまでもその風味が残ります。これが料理をワインが引き立てている状態です。美味しいもの、良質な食材は余韻が長いものです。ワインによって、料理の余韻が長くなる。つまり美味しい、良質なものを食べているという感覚をつくるのです。

ソムリエとして目指しているのはペアリングコースをお楽しみいただいたお客様に帰りに「料理、とても美味しかった」といっていただくことです。それはペアリングが上手くいった証だからです。

パターン―2― 口中で調和する

ワインを含むと同時に大変心地よく、どちらの風味も際立っている状態です。ペアリングとして最高です。時にワイングラスを口に近づけた時に「これは絶対合う」と確信できることもあります。しかしこれは狙ってできることではありません。プロとしてはこの確率を高めていきたいところですが、なかなか実現できません。

パターン―3― 新たな風味が生まれる

単体で味わった時は感じなかった風味が双方を合わせることで生まれることです。これは偶然の産物です。狙うものではありません。私は「アクシデント」と呼んでいます。

パターン―4― 通り過ぎる

ワインを含んでも何も起きない。水を飲んだのとなんら変わらない状態です。

パターン―5― 料理を負かす

ワインを含んだら、もう料理の風味は完全に消し去り、二度と戻ってこない状態です。

ペアリングの名の通り、料理とワインがカップルになるかどうかがポイントです。「甘い関係」、「苦い関係」というように、いい相性は甘み、旨味が豊かに感じられ、悪い相性は酸味、苦味が出てきてしまいます。

【ペアリングのタイプ】

ソムリエが構築するペアリングは大きく三つのタイプがあります。

● Aタイプ　バランス型

両者の力関係、風味を合わせ、バランスをとる合わせ方。味の濃い料理に濃厚なワイン、新鮮な素材感のある料理にフレッシュなワイン、スパイスやハーブなど様々な風味付けをした料理に複雑なワイン。またハーブが印象的な料理にハーブの香りのワイン、スパイスをふんだんに使った料理にスパイシーなワインといった具合です。また色を合わせるというのもあります。グリーンの料理にグリーンを帯びた色の白ワイン、じっくり煮込んだ褐色の料理に熟成により褐色を帯びた赤ワイン。ソムリエがよく用いる型です。

● Bタイプ　ミスマッチ型

相反する特徴をもった料理とワインを合わせます。スパイシーな料理にフルーティなワイン、コクのある肉料理に軽快な白ワインといった合わせ方です。これはB級グルメ的な発想も含んでおり、注意が必要です。ペアリングコースにはさんでメリハリをつけるにはは効果的ですが、好みが分かれるところです。

● Cタイプ　同郷型

地方料理にその地方のワイン。最も安心できるペアリングです。教科書通りではありますが、より多くの同郷型ペアリングを知っているとそこからのアレンジが可能で、Bタイプのクリエーションもできます。

例えばアルザスのピノ・ノワールを合わせるのが定番の料理に近隣のドイツ、バーデンのピノ・ノワール（ドイツではシュペートブルグンダーという）。プロヴァンスのグルナッシュ、シラーを使ったワインと相性がいい料理に、同じ地中海性気候のオーストラリア、マクラーレン・ヴェールの赤を、といった感じです。

料理からイメージを広げることもできます。おでんは、蕪や玉ねぎ、人参と豚やソーセージを水から煮込んだポトフの和食版ですから、ポトフとの定番のロワールのロゼをおでんに合わせます。肉じゃがは、様々な肉の旨味がじゃがいもに染み込んだアルザスの料理ベッコフと似ているので、ベッコフと合わせる定番のアルザスのピノ・グリを合わせることができます。応用には基本が大切と実感します。

ソムリエ Memo 14

オーセンティックからアクセシビリティへ

ワインの世界はファッションのようにトレンドの移り変わりは早く、現代ではオーセンティックよりも、親しみやすさ、気軽さが好まれるようになっています。レストランでもその傾向は見られ、かしこまって過ごすより、リラックスが求められるようになり、それがラグジュアリーとも解釈されている向きがあります。フレンチレストランといえばスーツにネクタイが鉄則でしたが、ノータイ、ノージャケットの方も増えました。これはマナーの問題ではなく、過ごし方だと理解しています。ソムリエの格好も共に変化してきました。

私がソムリエを志した頃とは様変わりしていて、現在、ソムリエコスチュームを着用していないソムリエは非常に増えました。それは職場の多様化に起因しています。ソムリエといえば高級フレンチレストランにしかいなかった時代から、カジュアルダイニング、和食、ワインバー、居酒屋、クラブとワインを扱う飲食店が増えたことで、ソムリエコスチュームを着ていなくてもソムリエとして働いている方が増えたのです。

日本ソムリエ協会では2016年から、飲食店勤務に限らず、ワインをはじめとする飲料を扱い、販売または教育に携わる職業にまで、ソムリエの定義を広げました。世界ではこの認識はすでに定着しています。

近年の国際コンクールに出場するソムリエもスーツが増えています。2016年世界最優秀ソムリエのアーヴィッド・ローゼングレン氏はデニムにシャツという、いたってカジュアルな格好で、サービスをしています。格好より中身、本質へと向かっている証かもしれません。もちろん、グランメゾンのソムリエはきちんとしたソムリエコスチュームを着ています。

ソムリエ
Memo
15

ソムリエコンクールと現場

私はソムリエとして駆け出しの頃から常にコンクールを目的としてきました。理由は勝負する感覚がたまらなく好きだからです。勝つのはとても嬉しい、負けるのはとても悔しいけれど、それも勝負ならではの醍醐味です。高校を卒業するまでずっと野球をやっていました。スポーツは勝ち負けがはっきりしています。

新卒でホテルに就職した時、「勝負するのは終わったんだな」そんな風に思っていました。やがてコンクールの存在を知り、幸運にも本選に進み、ステージに上がると、高校野球時代、マウンドに上がるのと同じ緊張感と高揚感を味わいました。その頃、現場ではソムリエに批判的な人が圧倒的に多く、「ワインの勉強しているんだって？　頭でっかちになるなよ」。露骨に嫌悪を示す先輩もいました。全く気にはしませんでしたが、職場も大切。コンクールを目指すがあまり、職場に居づらくなってしまっては本末転倒です。料理の勉強をし、レシピ係として、より詳細なレシピ表をつくったり、料理のワゴンサービス（デクパージュなど）も積極的に覚えました。料理やサービスをしっかりやれば、ワインについてとやかく言われないはずだと信じて…。結果、最も嫌悪を示していた上司からも認められるようになり、「いいソムリエになるには、料理の知識とサービスを磨くこと」が教訓となりました。

コンクールでは錚々《そうそう》たる顔ぶれのソムリエの方々。控え室で「コンクールと現場は全くの別ものだから」と耳にし、疑問に思いました。スポーツの大会では日頃の練習がすべてです。コンクールも日々の仕事が試されるのではないか。たしかにコンクールではトリッキーな課題が出されますが、現場でもトリッキーな出来事は日々起きています。それらに臨機応変に、プロとして対応することに努めることにより、コンクールでその対応力を披露することができます。

まだ正式にソムリエをやらせてもらえなかった頃、グループ客に限って、ワインのサービスをさせてもらいました。スピーディに同じ量を注ぐことを心がけていました。これがコンクールで大変役立ちました。ご予約のお客様のためにワインを前もって準備しなければならないのにメニューがシェフからくるのはその直前。コンクールでは5分程度の時間でペアリングを提案しなければなりません。そう思えば、様々なことに対応できます。

「コンクールはF1であり、パリコレクションのようなもの」と聞いたことがあります。一見現実とはかけ離れているようですが、そこで開発されたものが乗用車の技術に、そこで発表されたものが新たなトレンドとなります。イコールではありませんが、必ず繋がっているものだと考えています。

10

グランメゾン

グランメゾンの凄味。

グランメゾンが
ビールを出さない理由。

贅沢なボトル。

”

初めてのフランス出張。パリではせっかくだから、三ツ星レストランに行こう。スーパーシェフ自ら腕を振るう店か、豪華絢爛のグランメゾンか迷うところだ。シェフが有名なグランメゾンにしよう。日本にも出店しているから冷たくされないかも。

そんな思惑通り、ソフトでにこやかな支配人に案内されると、見たこともないような豪華なクリスタルのシャンデリアが印象的な圧巻のダイニングルーム。ソムリエがワゴンと共に食前のシャンパーニュを勧めにやってきた。ハウスシャンパーニュからロゼ、プレステージまで。雰囲気にも飲まれた自分はプレステージを飲む。

メニューを持ち現れたのはハイヒールにスカートのメートルドテル（サービス責任者）。女性なんだ。ふと見渡すと女性のサービスが多い。ネットで見たけどシェフパティシエも女性だった。フレンチというと女性はレセプションかマダムくらいかと思っていたけど、そんな時代ではないんだな。パン、バターもワゴンサービス。前菜のホタテの付け合わせ、直径20㎝はあるカリフラワーと黒トリュフのドーム型のパイはワゴンで切り分け、8分の1ほどが盛り付けられた。残りはどうなるのだろうか。そんなことを考えていたら、黒トリュフがスライサーで磨り下ろされていく。「そんなに…」。連れがオーダーした赤座海老の冷菜。キャビアの量が半端ない。銀座の三ツ星で味わった恐怖が蘇る…。

“

基礎
LECTURE

ガストロノミーの世界

現代では新進気鋭のシェフ、進化系料理など日々生まれていますが、フランス料理ならではの醍醐味というと、郷土料理とグランメゾンに集約されると思います。料理だけではなく、しつらえ、装花、テーブルコーディネート、サービス、すべてにおいてエクセレンス（卓越）を実現したのがグランメゾンです。

厨房では各々の役割は細分化されていて、大勢の料理人により一皿が仕上げられます。料理の仕上げに向けて、食材の準備、主素材の調理、付け合わせ、ソース、それぞれのパートを担うスタッフ、それを指揮していくシェフをマエストロと称するのは全く違和感のないことです。

食材の無駄使いだといわれればそうなのですが、グランメゾンの食材の使い方は本当に贅沢です。それは宮廷料理という背景や価値観を踏襲しているからです。鶏の胸肉しか使わないのに丸一羽仕入れます。もちろん残りを捨てることはありません。ソースの出汁や付け合わせなどに活用されます。いずれにせよ贅沢さを表すためです。異国のものを取り入れるというのも贅沢の一つでガストロノミー（ガストロと略されます）の表現といえます。

400年の歴史をもつパリのトゥール・ダルジャンは三ツ星を落としたことがあります。傷心の旅に出たオーナーは珍しいスパイスを見つけました。これを使って生み出した新たな鴨料理が、かの有名な〝マルコポーロ〟です。この料理で翌年三ツ星に返り咲きました。〝異国のもの〟は古今東西においてラグジュアリーの印なのでしょう。フランスでも早くからポルトガルのマディラ、ハンガリーのトカイ（最古の貴腐ワインとして知られる）、キプロスのコマンダリア（古代ギリシャ時代よりあった陰干ししたブドウによるワイン）、南アフリカのコンスタシア（ナポレオンが愛飲したことで知られる）といった甘口ワインが皇帝や王、女王たちから珍重されたこともそれを示しています。

ボトルワインへのこだわりもガストロならではです。2名のテーブルで、相手があまり飲まなかったとしてもボトルを開けるというのが美意識というか、もてなしの気持ちの表現なのです。そういった背景からフランスではグラスワインに対する嫌悪のようなものがあったと思います。「映画をハイライトシーンだけ見るようなものだ」と。

最近では少なくなった、いやほとんどなくなったのがビールを出さないフレンチです。トゥール・ダルジャン東京は長年、グランメゾンはビールを出すべきではないと闘ってきました。「馬鹿げている!!」とテーブルを叩いて怒りをあらわにするお客様もいらっしゃいました。個室をご利用の、ビールしか飲まないという大臣への対応にホテル担当者と店舗マネージャーとで大いにもめたこともあります（トゥール・ダルジャン東京はホテルニューオータニに入っています）。当時、傍観しながらも、「ビールはそこまで悪なのか」とも思っていました。現にパリのミシュランスターレストランではビールをおいています。海外研修した二ツ星レストランではシャンパーニュクーラーまで用意してワインさながらにビールをサーブしていました。

しかし、今ではビールを頑なに出さなかった意義は理解できます。グランメゾンは非日常を味わう場所です。日本人にとってビールは日常的な飲み物です。トゥール・ダルジャンの総支配人にシードルをアペリティフに出したら面白いのではないかと提案したら、「それならビールも出していいですよ！」と憤慨されました。日本人にとってはおしゃれなイメージのあるシードルはフランス人にとっては日常的なもののようです。ビールも、シードルも下に見ているわけではありません。日常と非日常にしっかり線を引くことでグランメゾンとしての品格を守ろうとしているのです。たしかにビールならコンビニでも駅の売店でも２００円で買えます。それをハレの時に、ハレの場所で飲む必要はないとは思います。タキシードが似合う場所です。シャンパーニュグラスが一番似合うことは間違いありません。そういう私は無類のビール好きです。食事前にどうしても飲みたい時は近くでビールを１杯飲んでからレストランに向かいます。

ワインのサービスにもグランメゾンならではの慣習ともいえるのがデカンタージュです。第６章ではデカンタージュが習慣ではなくなったことに触れましたが、クラシックなサービスとしてデカンタージュは自動的に行うものと考えていいでしょう。それは効果があるかどうかではなく、クリスタルのカラフェに移されたワインが食卓にあることがラグジュアリーだという美意識も大切なことだと理解できるからです。より合理的、倫理的なものが求められる昨今ですが、グランメゾンでの美食という特別な楽しみもワインの醍醐味の一つです。

ソムリエTALK

格を合わせる、高級料理とのペアリング

高級食材はやはり格別に優雅な気分を味わわせてくれます。キャヴィア、トリュフ、フォワグラはフランス料理のみならず、世界の料理、日本料理にも使われている人気食材です。そんなスターたちのお相手（ペアリング）は、定番のワインがあります。キャヴィアといえばシャンパーニュ、フォワグラといえばソーテルヌです。これらのペアリングは味覚的なものとは一線を画したものです。このゴージャスな体験をするという「気分」が重要なのです。フォワグラと甘口ワインの相性は間違いありません。特に上質なフォアグラのテリーヌとソーテルヌとの相性はペアリングの原点ともいえるものです。

ペアリングにおいて、「格を合わせる」は大きなポイントです。両者の格が合わないペアはどこか違和感を生んでしまうものです。そういった意味でもフォワグラという高級食材とソーテルヌという希少な貴腐ワインは格も合い、味覚的にも合うものです。

一方、コースディナーでフォワグラとソーテルヌという濃厚なペアリングのスタートは重過ぎるきらいがあります。次に軽めな料理がくるとなると続かなくなります。そこで厚みのあるテクスチャー（食感）をもったドラ

イな白ワインの可能性が出てきています。どんなワインがいいかというと料理の風味によります。特に現在はフォワグラ料理でも濃厚な仕立てより、フレッシュ感を活かしたものが多くなっていますので、濃厚な甘口でなくても合わせられます。

キャヴィアとシャンパーニュは誰もが気分が上がる贅沢な組み合わせです。味覚的にも基本的に、大変いい相性です。キャヴィアには白ブドウ、つまりシャルドネ主体のシャンパーニュがよく合います。ただ、ベースとなるワインを木樽を使って醸造、または熟成しているものは、味覚的には難しいです。

キャヴィアは副食材としてサーモンやホタテ、真鯛やスズキなどと合わせて使われることのほうが多いと思います。その場合は主食材との相性ということになります。ソーヴィニヨン・ブランやセミヨン、シャルドネであればシャブリなど木樽の風味が強くないものがいいです。キャヴィア単体を、ブリニ(そば粉入りパンケーキ)に載せ、サワークリーム、刻んだ玉ねぎ、茹で卵を添えます。一般に飲むのはウォッカです。ロシア宮廷伝統の贅沢な食べ方です。

黒トリュフの名産地はフランスでは南仏ヴォークリューズと南西部のペリゴールです。よって、ヴォークリューズのワイン、シャトーヌフ・デュ・パプやジゴンダス、フランス南西部のボルドーの熟成したものが定番となります。タンニンの豊富な赤ワインが合います。トリュフは味よりも香りです。香りが主体の食材と合わせるポイントがタンニンというのは面白いですよね。なぜだか説明はつかないのですが、いい相性です。トリュフも単体よりも主食材に添えられることが多いのでその主食材との相性でワインを選ぶのですが、共通するポイントは熟成感になると思います。

　このような高級食材は気分が大切です。そしてグランメゾンでこそ、その真価は発揮され、存分に楽しめるものです。ハレの日のペアリングですね。

ソムリエ
Memo
16

マグナムボトル

グランメゾンの贅沢な楽しみというとマグナムボトルのワインがあります。容量が通常ボトルの倍の1500mlです。大容量のボトルでは酸素との接触面の割合が小さい分、ワインの熟成がゆっくり、よりよい状態で進むので、緻密な香り・味わいをもちます。モナコの豪華ホテル、オテル・ドゥ・パリのレストラン、ルイ・キャーンズに行った時の話です。カジノに隣接していることもあり、ドレス姿の女性をタキシードの男性がエスコートしているテーブルがあちらこちらに。世界でも有数の豪華なダイニングです。

隣のテーブルにはそれを象徴する男女4人。葉巻をくわえたらマフィアにしかみえないような貫禄の二人に峰不二子のようなスタイルの女性。マグナムのシャンパーニュを楽しんでいました。キャヴィアを食べていたのでしょうか。そうすると白ワインが早々にサーブされました。それもマグナムです。「よく飲むね」と仲間と驚いていました。大きなスズキを丸ごと焼いた料理が大きなプレートで運ばれてきました。4人分には多過ぎる量です。真ん中の部分だけ取り分けられ、まだ数人分はある魚は下げられていきました。そして赤ワインがやはりマグナムでサーブされました。

彼らは飲み切るつもりはなく、ワインをマグナムでという贅沢を楽しんでいたのです。しばらくして、次の赤ワインもまたマグナムでサーブされました。ワインを残してまでマグナムにこだわるのはどうかと思うところですが、マグナムは豪華さを演出するにはふさわしいものだと学びました。

マグナムはある程度の人数（6〜8名）で楽しむ時にもとてもいいです。この人数で、通常ボトルだと一人1杯で終わってしまいます。マグナムだと2杯目、3杯目もあり、開けてから時間が経った状態を味わうことができます。通常ボトル2本では2杯目、3杯目も開けたての状態です。マグナムボトル、一味違ったワインの楽しみです。

ソムリエ
Memo
17

女性の活躍

ワインの世界でも女性の活躍は目覚しいものがあります。著名ワイナリーのワインメーカーが女性というケースは普通のことともいえますし、オーナーというケースも珍しくありません。ブルゴーニュの女性生産者グループ、Femmes & Vins de Bourgogne（FEVB）は現在メンバーが39人（2018年）。いずれも大変活躍しています。こういった動きはブルゴーニュに限りません。

FEVBのメンバー13名を招いたディナーを開いたことがあります。みなさん、バイタリティに溢れ、とても格好よかったです。フェミニンという言葉があります。「女性らしい、可愛らしい」といった意味、形容に使われ、ワインにおいては上品、繊細といった意味をもちますが、彼女たちが造るワインはそうかというと、とんでもない。大変力強い、たくましさのあるワインです。「女性らしい？ それは誰が決めた価値観かしら」というかのようです。力強いというのは、アルコールのヴォリュームということではなく、酸味や渋みが際立った、骨格のあるということで、凛とした、筋の通った印象をもちます。

ソムリエの世界でも女性の活躍は目覚しいものがあります。2013年、2016年のソムリエ世界大会では優勝こそ逃しましたが、女性が上位に名を連ねました。日本ではまだ女性の代表は誕生していませんが、近い将来、世界のステージに上がることでしょう。

2016年のパリ研修の際、高級フレンチレストランで女性が活躍していることには驚きました。それもシェフ、シェフパティシエ、プルミエメートルドテル（サービス最高責任者）という日本ではまだまだ男性の仕事という状況になってしまっていることを考えると進んでいるなと思います。重労働、立ち仕事ですから、女性が継続して働ける環境づくり、周囲の理解、従来の価値観の見直しが日本の飲食業界でも早く進めばと願うところです。

II

ビオワイン

ビオワインは美味しい?

酸化防止剤は本当に悪なのか。

ビオワインの誤解。

”

ソムリエ協会に入会してほどなくすると、協会関係者と知り合いになった。もしよろしければと誘われた築地のくじら料理の店。行ってみると、くじら以上に参加者の顔ぶれに驚いた。パイロットに、大手新聞記者に、民放テレビ局プロデューサー…。け、警視庁！て…みんなワイン好きなの？　そういえば、先日ワインバーで会ったグループ、全員会計士だったな。

銀座のワインレストラン。部下を連れて食事に。すっかりワイン通として評判を得たせいで、「ワインを教えてください！」と、新人のまりちゃんにも言われ、いい気分。「こちらはビオワインの先駆者ともいえる生産者です」とソムリエ。ビオワインが得意らしい。濁っているし…香りもあまり経験したことのない感じ。ふと周りを見渡すと、みんなワインに唸っている。

「ビオワインって、美味しいんですか？」、「酸化防止剤が入っているワインは飲まないほうがいいですか？」と次々に質問が飛んでくる。

ビオは確かに注目されているし、ビオしか飲まない人も少なくないと聞く。「自然派ってのはね！」。他のテーブルから聞こえきた。熱く語っている。オーガニックとビオ？　自然派？　間違いないのは皆、熱く語るということだ。

“

基礎
LECTURE

ビオワインは美味しいのか

近年、よく聞かれるビオワイン。自然派（ナチュール）ともいいます。また酸化防止剤無添加を売りにしているワインもあります。ビオ、オーガニック、自然派など言葉が一人歩きしているところもあります。

まずビオワインですが、正確にはビオロジカルワインといいます。原料ブドウを有機栽培（オーガニック）で育てます。農薬、除草剤や化学肥料、遺伝子組み換えなどを使用しない、天然および生命の力（生物学的＝ビオロジカル）により栽培されたものです。醸造においても添加物を使用しない、もしくは微量に留められます。オーガニックワインとビオワインは厳密には違うという意見もあろうかと思いますが、一般的な概念としては同意です。

オーガニックの発展型としてバイオダイナミックス（フランス語でビオディナミ）と呼ばれる農法があります。オーストリアの人智学者ルドルフ・シュタイナーが提唱しました。土壌や植物、生物、そして太陽、月、惑星など天体の位置や動きなどが及ぼす影響、つまり占星学も取り入れた栽培法です。いつどんな農作業をするかなどが記された特別な暦もあります。また肥料も牛糞やタンポポ、イラクサなどを牛の角や腸に詰め寝かせたものなど、特徴的です。バイオダイナミックスを実践する造り手の風貌、語り口と相まって、当初はカルトだとか、宗教的だといった声もありましたが、現在ではその効果は認められ、取り組む造り手が増えています。

ビオワインは美味しいのかというと、私の答えとしてはYESです。極めて商業的な大量生産、または経験や知識が不足した生産者でビオはできません。何より信念、情熱がなければ継続はあり得ません。また環境や人智的な面における尊重もしかり。そんな素晴らしい人たちですから、その卓越した仕事の結果が悪いはずがありません。言い換えれば、ビオだから美味しいというよりも、いいワインを継続して造る生産者はビオであることが多いということです。私は、ビオしか使わない、または飲まないというビオ信仰はありませんが、ワインリストの多くのものは意図せずともビオとなっています。

それでは、ビオでないワイン（ビオを名乗るには認証を受ける必要があります）はどうかというと決して劣るということではありません。ビオおよびバイオダイナミックスはいわば、風邪をひいても薬を飲まずに治すという考え方といえ、薬なしで健康に過ごせるかというと人によってはそうはいきません。つまりリスクが高いのです。ウイルスもブドウ畑の病害虫も新たなタイプのものが現れます。結果ブドウの樹をすべて引き抜く羽目になった造り手もいます。醸造においても同様です。栄養分などの不足から発酵が止まってしまい酸化、酸敗してしまったり、好ましくない風味が出てしまったり、また瓶詰め後に再発酵が起きてしまったりもするのです。風邪薬を飲む人が不健全とはいえないように、ビオでなくても素晴らしいワインは造られます。ビオロジカルなワイン造りをしていても、あえて認証を受けない生産者もいます。認証を受けると病害虫などが発生した場合、対処法が限られます。そういったリスクを回避するためです。いいワインを造るためのビオなのか、認証のためのビオなのか、ということだと思います。

ビオであるか否かは、あくまでもアプローチと考えるほうがいいでしょう。ある料理人は半生で出す、ある料理人は炭で焼く、ある料理人は真空調理をする。やり方の違いであって、料理の質や美味しさに直接関することではありません。ビオがいい効果をもたらすことは明らかですが、先述したようにリスクもあります。当然、日々重労働で、費用もかかります。それで続かなくなってしまっては元も子もない。またビオにこだわるがあまり、病害虫が周辺の畑にまで影響を及ぼすということもあります。自然、環境、資源など、そして社会的で人間的であることにも配慮したワイン造りを目指すというものです。

ビオが農法、醸造法という、やり方、アプローチを指すものだとすると、最近、よく耳にするサステイナブル・ワイングローイングはワイナリー存続、ワイン造りの継続といったゴールを指すものといえます。ブドウ栽培だけでも、ワイン造りだけでもない、それらを取り巻くすべてを包括した表現です。私はこのワイングローイングという表現をとても気に入っています。

造り手の方々と対話していると、自身の成長や子育て論を聞いているようだと感じることが本当に多く、それはまさにグローイングという言葉にぴったりだからです。

ナチュラル・ワインについても触れないといけないでしょう。フランス語でヴァン・ナチュレル、日本ではナチュールとか自然派と呼ばれています。ビオと同義語のように理解されていることが多いようですが、ビオはワイン造りにおけるカテゴリーの一つになりますが、自然派は造り手のスタイルであり、より哲学的なものです。その名の通り、徹底的に自然であることにこだわっています。ある協会（Association des Vins Naturels）では、自然派をオーガニック農法のブドウを手摘みし、野生酵母で発酵を行い、人工的、機械的な操作、処置を行わず、ごく限られた酸化防止剤を除き一切の添加物を使用しないと、定義付けています。なかには極めて酸化的なワインもあり、醸造学者からすると、認められないことが多分にあるようですが、スタイルであり、思想的なものですから、造り手それぞれであっていいと思います。

注意しなければいけないのは非常にデリケートな状態であるということです。長い輸送や高めの気温、開けたて、開けてからしばらく経った後など、著しく状態が異なっているということが少なくありません。ナチュラル・ワインは、その造り手の哲学や思想に共感し、味わうものといえるでしょう。ヴァン・ナチュレルに特化する輸入商社、レストラン・バー、愛好家がいることがそれを象徴しています。

ソムリエTALK

酸化防止剤無添加ワインはいいワインか

ここまで述べてきた通り、ビオ、バイオダイナミックス、自然派は酸化防止剤無添加もしくは微量に留めています。また酸化防止剤は亜硫酸塩（二酸化硫黄）という危険性のある物質であるため、「酸化防止剤は悪」というイメージをもっている人が少なくありません。国産ワインで最も売れているのが大手メーカーが販売している「酸化防止剤無添加」が商品名になっているワインということがそれを証明しています。

亜硫酸は頭痛の原因という人もいます。たしかに食品添加物はないほうがいい。しかしその目的は日持ちさせる、色をよくする、味をよくするといったもので、ワインにおける亜硫酸使用の目的とは違っています。ワインの発酵は酵母というバクテリアによって起きますが、同時にその他の好ましくないバクテリア、腐敗菌、カビも存在しています。亜硫酸添加の目的は健全かつ順調な発酵を行うためなのです。木樽の消毒にも使われます。結果、ワインは安定した醸造、熟成を行うことができます。

また亜硫酸はその大部分がワイン中の結合亜硫酸となり、亜硫酸ではなくなります。残りの亜硫酸は酸素と結合します（酸化防止）。

結果、ワイン中に含まれる量は添加物としては極めて微量なのです。頭痛の原因といわれることについてですが、亜硫酸は気管支喘息をもつ人には影響があるといわれていますが、頭痛発生との因果関係は曖昧なものです。亜硫酸塩はドライフルーツ、チーズ、キノコ、ソーセージ、ビール、清涼飲料水などにも含まれています。

頭痛の原因となるのはアセトアルデヒドというアルコールが変化した成分で、すべてのアルコール飲料に共通するものです。体が受け付けない、という原因不明なことが間々ありますから、「頭が痛くなった」という人を否定はできません。ただそれが亜硫酸塩が原因かどうかは不明ですし、仮にそれが原因だとしても個々の体質によるものですから、誰もがそうなるわけではないのです。健康被害を心配されるなら、飲み過ぎ、ストレスがかかるような飲み方（言い争い、愚痴、批判など）、高カロリーな食事を控えるのが一番です。

【ビオワインは酸化が特徴ではない】

ビオワインイコール酸化的と捉えている人が多いように感じます。「へえ〜、このワイン、ビオなんですか!?　全然酸化していませんね！」と言われることは少なくありません。確かにビオワインは好気的（酸素に触れさせる）な造りが多く、低亜硫酸ですし、野生酵母由来の香りは酸化的な印象を与えます。しかし酸化することに意義があるのではありません。

またビオというと醸造中、手をかけないと

いうイメージもありますが、放任と放置の違いのように、きちんと観察し、適切に手をかけている造り手も数多く存在します。そういった造り手のワインは酸化の印象はなく、はつらつとした活力を感じさせる味わいがあります。

またほとんどのビオワイン生産者は酸化した風味を意図していないと思います。それよりも日本までの輸送、到着後の移動などに耐えられず、酸化的、もしくは閉じこもってしまうということがよくあるそうです。恩師であるフランス人ソムリエのジェラール・マルジョンさんは、「ビオの多くはフランスと日本では状態がかなり違う。2、3年経過したかのようだ」とよく言っていました。そして、それらのワインを東京でテイスティングして「Vins fatigués」(疲れたワイン)と表現していました。

ビオワイン、特に酸化防止剤無添加のものは現地で造り手本人からその哲学やワイン造りについて語ってもらい、そういったことを理解したうえで味わうと格別ということだと思います。

ソムリエ *Memo* 18

多様化する造り手

ワインの造り手といえば、栽培家がブドウを大手メーカーに売る、もしくは協同組合へ持ち寄るという形態から、自らワインを造るようになっていき、これまでブドウを買っていた大手メーカーもブドウ畑を取得し、栽培からワイン造りまで行うようになってきました。

中小規模かつメジャーな生産者数軒がジョイントベンチャーを興し、新たなブランドでワインをリリースするケースも増えてきました。その草分けであり、最も有名なのがナパヴァレーのオーパス・ワンです。次いで、これまでネゴシアンにブドウを売っていた農家がワイン造りを始めるようになりました。

ブルゴーニュ、シャンパーニュは日本ではドメーヌの存在感が強くありますが、本格的に輸入されるようになったのは１９９０年以降。現在非常に人気の高いドメーヌでも未だに昔からの付き合いでブドウをネゴシアンに分けているといいます。

近年、アメリカなどニューワールドで増えているのはヴァーチャル・ワイナリー、アーバン・ワイナリーです。ヴァーチャル・ワイナリーとはブドウ畑もワイナリーももたず、契約してブドウを分けてもらい、ワイナリーの設備を借りてワイン造りを行うというものです。投資も、リスクも最小限に済みます。日本人でもこのやり方でアメリカでワインを造って、日本に輸出している生産者もいます。しかし、畑もワイナリーも借りている立場ですから、渡してもいいブドウ、使わせてもいい時間と施設、ということになりますから、よりよいワインを造りたいとなるとジレンマがあるそうで、ゆくゆくはワイナリーをもちたいと考えている造り手も多いはずです。アーバンワイナリーは、プレミアムワインとして成功を収めています。ワイン産地やブドウ畑の近くにワイナリーをもつのではなく、都市部に本拠を置き、ブドウを運んできて、発酵、熟成、瓶詰めを行います。アクセスがいいのでテイスティングルームやブティックを備えることで、訪問客が増えますし、販売も優位です。

ソムリエ
Memo
19

仕事のできる人にはワイン好きが多い？

現在、ビジネスで成功している方がワイン好きというケースは非常に多いです。『仕事のできる人はなぜワインにはまるのか』では日本の長者番付上位のビジネスマンがワイン愛好家であることを指摘しています。『「お金をもっているから』という答えは正解の半分でしかありません」とも記されています。全くもってその通りだと思います。確かにワイン好きというと医者、弁護士といったお金もちの代名詞のような職業だったかもしれません。

ここで取り上げたいのは高級ワインを飲んでいる方ではありません。はまっている、つまりよく知っている、勉強しているという方です。日本ソムリエ協会の会員にはソムリエではない方、つまり愛好家も非常に多くいらっしゃいます。その職業たるや、ビジネスマンはもちろん、政治家、官僚、パイロット、会計士と会員だけで立派な国家がつくれてしまいそうです。その協会が認定する、ワイン愛好家対象の資格「ワインエキスパート」は年々、受験者の数が増えており、平均点も大変高いです。

そんなエキスパートの競演、「ワインエキスパートコンクール」の参加者名簿を見ると驚きます。まず経営者が大変多い。そして、医師、金融、会計士、ＩＴ、メディア関係とトップビジネスパーソンの競演と化しています。コンクールとなるとかなりストイックに勉強、テイスティングをしないといけません。それに日々多忙な人たちが本業の合間に、時には本業を犠牲にしてまでもチャレンジしているのです。その動機は様々だと思います。ワインの歴史、背景、ディテールを知り、味わうことは、脳で考え、感覚で捉えるという組織のトップに求められる資質を磨くことに通ずるそうです。

また大きいのは繋がりです。ビジネスを成功させるために必要な繋がりをワインはつくってくれる。ワイングラスを片手に話が弾めば、いい友好関係が築ける。またワインが新たな人脈へと繋がる。必要に迫られているビジネスマンも多いようです。「起業家の集まりでワインについて話してくれないか」とよくご依頼いただきます。トップともなれば社外の、それも先輩経営者との席も多い。そこでのワインをご馳走になって、「美味しいですね」だけでは話が盛り上がらないというのです。ＩＴや外資系企業、総合商社の方は海外出張が多い。そこでの会食では当然ワインになる。シリコンヴァレーといえばカリフォルニアワインの地元です。「ワインが先か、仕事が先か」という話になりそうですが、ワインがそんな人たちを繋げる力をもっているのは確かなことです。

【ワインがもたらす繋がり】

私が長年にお世話になっているソフトウエア開発会社創業の方は、モチベーションといっていました。「ビジネスを成功させて、あのレストランで、あのワインを開けたい」という気持ちで会社を大きくしてきたと。その方との出会いはワインの「繋げる力」に驚いたものでした。外国人ビジネスマン二人と日本人男性一人のビジネスディナー。私はそのディナーの途中、先輩ソムリエから引き継ぎを受けて、テーブルを担当することになりました。

「結構シリアスな席だ。ホストは日本人のほう。目つきが鋭くて、時折こっちを見ているから注意しろよ」とアドバイスを受けました。ワインを注ぎ足しにテーブルに入ると、外国人ゲストは熱心に話を続けていました。情報通り、鋭い目つきで私を見ると、「彼は日本最優秀ソムリエだ」と同席の二人に告げました。本当にびっくりしました。そんなことを知っているなんて思いもしなかったからです。

「Wow、それは素晴らしい。それでは君が最高だと思うワインを飲んでみたい」と、ゲストがおっしゃってくれました。「もうこれ以上、飲まないと思うよ」というのが先輩の予想だったので、大きなセールスとなりました。松田憲幸さん、ソースネクストの創業社長です。PCソフトでは国内トップで、「驚速」、翻訳デバイス「ポケトーク」など新進的な開発で知られています。古くからソムリエ協会会員でいらして、協会機関誌でコンクールの結果を知っていたのです。松田さんとは今でも親しくお付き合いをさせていただいています。

もう一つの繋がりについてお話しさせてください。その最優秀ソムリエコンクール優勝の副賞でナパヴァレーツアーにご招待いただいた時のことです。そのツアーには他に「カリフォルニアワイン・バイザグラスコンテスト」で優秀な成績を収めた店舗の代表の方がいらしていました。サンフランシスコ空港に着くと、満面の笑顔で、「石田さん、新川です」と溌剌とした表情で手を差し出した男性。フレンチ業界にも、ソムリエ業界にもいない、そのキャラクターにすっかり魅了され、ツアー中はずっと一緒に行動していました。

私は世間知らずもいいところで、グローバルダイニング（当時）の新川義弘さんがどんな方なのか知らずにナパヴァレーをご一緒していたのです。新川さんも私のことは全く知らなかったようですが。ご存じの方も多いと思いますが、新川さんは90年代大盛況だったグローバルダイニングの中心人物で、小泉首相（当時）とブッシュ大統領（当時）の接遇を成功させ、大統領からファーストネームで呼ばれるほど気に入られたというサービスの神ともいえる方です。それから定期的に会食させていただき、２０１７年から新川さんが起業したレストラン会社ＨＵＧＥのコーポレートソムリエを務めさせてもらっています。

12

認定試験

認定試験の難易度と受ける人たち。

ワインを覚えるなら
世界地図を広げよう。

「昔取った杵柄」が通用しない
ワインの勉強。

「こんなに覚えるの?!」

日本ソムリエ協会が毎年発行する教本を入手した。ワインエキスパート呼称資格認定試験のためだ。そしてその分厚さと内容に驚いた。日本についてだけで40ページ以上ある…。さらに世界各国20カ国以上。クロアチア、スロヴェニア、モルドバって…。それもワインのことだけでなく、食文化や経済についてまで。ワインと切っても切れないものということなのか。さらに輸入や関税、日本酒までも。資格を取って、個人輸入を始める人がいるのだろうか。カリフォルニアではビジネスで成功した人がワイナリーやワインビジネスに参入していると聞いたことがある。

大変だとは聞いていたが、ここまでとは。これに毎年何千人も受験しているというのか。合格してそれなりにいいことがあるのか、いやそんなことを考えいていけない。ワインを勉強しているっていっているだけで、これまで本当にいいことがあったじゃないか。これでへこたれていたら、嘘つきになってしまう。上級資格にエクセレンスというのがある。さらに難易度が高い資格を取っている人もいるのだから。

そういえば、こないだ見に行ったワインエキスパートコンクール、すごかったな。ブラインドテイスティングに、ワインの提案に、ワインリストの間違い探し…。優勝した人、2連覇だって。もはや愛好家のレベルではないいな。

基礎
LECTURE

ワインエキスパート認定試験と勉強法

日本ソムリエ協会が主催している呼称資格試験は、職業としているソムリエと愛好家のエキスパートに分かれており、一般とその上級のエクセレンス（2019年からシニア呼称より変更）があります。一次は筆記試験で毎年夏に行われます。二次はテイスティングと小論文。ソムリエは三次としてサービス試験が加わります。

筆記試験は同協会が発行する教本の中から出題されます。その教本は毎年改訂され、年々情報量が増えていっています。特に近年は掲載される生産国は増加の一途をたどっています。そういった理由から傾向と対策が立てづらいというのが他の資格試験と比較して特徴的なところだと思います。

特に2018年からCBT（Computer-Based Testing）となり、筆記はペーパーではなくコンピュータで受験番号を入力すると問題が表示されるというシステムになり、問題はほぼ無限のパターンで人それぞれ違った問題となります。2回受験することができ、得点の高いほうが採用されます。もちろん、同じ問題は出てきません。これまでは過去問題集をひたすらやればよかったところもあるのですが、このシステムにより傾向と対策はさらに立てられなくなりました。

以前は「どこどこの国は捨てていい」なんて声も聞こえてきましたが、まんべんなく出てくる上に、その国のどんな問題が出てくるか分かりません。近道、楽な道はないと理解するべきでしょう。「どんな問題が出るか教えてください」と露骨に聞いてくる人もいましたが、今はつくった本人でも何が出題されるか分からないのです。「教本を全部勉強してください」が、最も適切な答えだと思います。

2018年は8400人超の受験者で、合格率は30％程度です。シニア資格の合格率は約10％と一般資格としてはかなり狭き門といえるでしょう。教本の内容はというと、ワインの概要、ブドウ品種、栽培、醸造、熟成などについて。これだけで20ページ以上あります。そして世界各国について。歴史、気候風土、食文化、法規、ブドウ品種、特殊な製造法やワイン、生産地域についてと詳細に記されています。執筆はそのジャンルにおけるスペシャリストが手掛けています。日本のワイン本の大全ともいえるでしょう。

読み物ではないので、勉強が好きではない方にとってはかなり苦痛かと思いますが、勉強好き、掘り下げるのが好きな方にとっては、その向学心に火がつくのか非常に熱心に読み込んでいらっしゃいます。医者、弁護士、会計士といった職業の方々が多く受験されるのもそういった面があると思います。

では合格のためにどうしたらいいかというと、多くの方がワインスクールの対策講座に通っています。都内を中心に全国の都市に多数あります。講座を担当する先生は大変熱心で教本の改訂版が出ると、隅から隅まで読み込み、チェックを入れて、講座に臨まれています。自ら受験をする方も少なくありません。もちろん、スクールに通わなくても受験できますし、合格することはできます。

勉強のコツはと聞かれたら、私が必ず答えるのは、「やると決めて、時間をつくること。そしてその時間は必ず守る」です。これはすべての新たな取り組み、挑戦に通ずるとは思います。コンクールを目指す若いソムリエにも同じことを言っています。コンクールの勉強もスケールは違えど本質は同じです。「全然できませんでした」という人はほぼ同じことを言います。「忙しくて時間がなかったです」。これは自分に向けてもいつも心がけているのですが、お金がない、時間がないは言い訳にしてはいけないと。決して満たされることではないからです。お金が余る、時間が余る、そのいつかを期待していては何も成し遂げられません。「私だけ1日が20時間でした」というなら同情しますが、時間はつくるものです。前倒ししてできること、後回しにできること、やらないでいいことを整理して、時間をつくるのです。カレンダーに勉強の時間を書き込み、その後何があっても変更しない。どうしようもないことで変更してしまった場合は必ずその分を後日実行する。これが一番だと思っています。

勉強のやり方は人それぞれでいいと思うのですが、ひたすら丸暗記をするだけでなく理解しながら覚えていくのが大切です。例えば各産地のブドウ品種を覚える際も、そのピノ・ノワールという品種が主に冷涼な気候の産地で栽培され、主要な国はどこか、ということも覚えていくと、「ピノ・ノワールが主に栽培される産地はどこか」、または「チリのカサブランカ・ヴァレーで栽培される主な黒ブドウ品種はなにか」という両方の問題に対応できます。

ワイン産地を覚えるのは地図が大変有効です。文字だけでなく画像により産地を覚えると、頭に入りやすくなります。試験の大部分を占める世界中の産地を頭に入れるには世界地図をまず広げましょう。どの国が緯度の高いところにある、低いところにある、これらの国は同緯度にあるといったことを暗記せずとも俯瞰的に把握しておくのは効果があります。ブドウ品種や特殊なワインなど書き込んでいくのもいいでしょう。特にヨーロッパは隣接した国、その国境沿いの生産地は類似点、共通点が多いです。そういったことも地図で理解、記憶していくことができます。

生産国について終えたら、横断的にまとめて覚えていくのも大変効果的です。「ドナウ川が流れている国」、「地中海に面している国」、「スパークリングワインが有名な国」、「シラーをスペシャリティとしている産地」、「世界のフォーティファイドワイン」、また〇〇リストをつくるのもいいです。「世界の風」（ミストラル、ゾンダなど名前がついています）、「世界の海流」、「世界で最も…」（標高が高い、南端、東端、古い生産国、栽培されているブドウ品種…）といった具合です。

教本から離れるのも一つのやり方です。産地を覚える時に画像検索をしてその風景を見るのもいいです。記憶に残りやすくなります。またワイン産地の多くは風光明媚です。そんな風景に癒されるのもいいでしょう。歴史上の人物についても、検索して人物像について調べてみるのもいいです。本当にわずかな時間を使ってです。

とにかく「やると決めて、時間をつくる」、そして「計画を立てる」ことです。まとまった時間がつくりにくい仕事の方もいらっしゃるでしょう。それならその分、前もって計画を立てるに限ります。一般的には、その年の教本が発行される3月から始めますが、前年から始める長期計画を立てるしかありません。短い人もいます。なかには5月から始めて合格したというケースもあります。いつまでに概論、いつまでにフランス、いつまでにヨーロッパ、いつまでにと計画を立てて、それをいつも眺めます。そして1カ月切ったらさらに細かく計画を立て、2週間切ったら、この日の午前は何をやる、午後は、夜は、と絞り込んでいきます。「夢に日付を入れる」といいますが、そんな気持ちで取り組むことができれば勉強の辛さも和らぎます。

ソムリエTALK

ワインは情報戦

ワインほど情報発信が盛んな飲料はないといえるほど、ワインを学ぶうえで情報は大きな武器ともなります。先述の教本が毎年更新されるのはそれが理由といえます。ワインの生産の中心はフランス、イタリアはじめヨーロッパでしたが、世界中に広がり、教本の掲載順は、以前はフランス、イタリア、スペインと重要度の高い順でしたが、今はアルファベット順にせざるを得なくなりました。

世界のワインシーンは3年も経つと一変します。それはワインが気候、土地、品種、造り手、経済、メディア、食、消費者と様々な方面に関連しているからであり、「土地」を除く、いずれもがかなり速いペースで変化していく性質をもっているのです。近年の変化についていくつか事例を挙げたいと思います。

【気候変動】

気候変動はワイン産地の地図を書き換えています。これまで交配、交雑品種のブドウしか育たなかった冷涼産地で、ヴィニフェラ種による高品質なワインが生まれるようになりました。英国のシャルドネ、ピノ・ノワールのスパークリングワイン、ニューヨーク州のリースリングなどがいい例です。カナダはさらに顕著で、かつてカナダ土産といえばアイスワインでした。それがオンタリオでは素晴らしい品質のカベルネ・フラン、メルロー、ピノ・ノワールが生まれていますし、そして先述の通り、ケベックの北のノヴァスコシアでは英国、タスマニアに肩を並べられる品質のスパークリングを産出するワイナリーが出てきました。もちろん、成熟度の向上は温暖化だけでなく、栽培の改善、成熟の理解など生産者の努力があってこそのことです。

【新たな産地】

近年求められるワインのスタイルに応じるように、冷涼気候、栽培適地を求めて、産地地図も更新されています。冷涼気候の産地では生育期間が長くなることから、緻密なワインが生まれます。カリフォルニア、チリは温暖気候と認識されていましたが、それは正しいとはいえません。

ナパ・ヴァレーでは標高の高い山側のブドウ畑、ソノマではより寒流の影響を受ける海に近いエリア。チリでも冷涼な沿岸部のブドウ畑のワインが注目されています。またチリといえばカベルネで、生産地はサンチャゴに近いマイポを中心に中央部が主体でしたが、北部、または南部の産地でシラーやカリニャンといった新たな品種が伸びを見せています。

また原産地呼称名、地方名、州名を記載することが一般的だった産地がより限定された地域、区画でのブドウを用いることにより、限定地域名（サブ・リージョン、サブ・ゾーン）をラベルに表記するようになっています。

【注目の品種】

品種の傾向にも変化が見られます。オレゴンといえばピノ・ノワールが秀逸ですが、それだけでは今後の発展は望めないと新たなブドウ品種としてガメイやシラー、テンプラニーリョが注目されています。ガルナッチャの名産地として名声を確立したスペイン・カタルーニャ地方のプリオラートでは、カリニャンのほうがよりよい成熟をし、優れたワインを生むと生産者たちは口を揃えます。

造り手やオーナーの様々な事情（経済的、体力的、精神的）はワインの品質に影響を与えます。またオーナー交代、世代交代も大変大きな問題です。小規模ワイナリーでは生産者名が変わることも珍しくはありません。大手ワイナリーにおいてもトップの方針が変われば、それはワインに表れてきます。加えて、「人」も大変変わりやすい要素になります。前章でもワインの新たな生産形態について触れましたが、消費者のニーズや嗜好の変化も見逃せません。消費者の変化ついてはこの後の章で触れたいと思います。

このように「昔取った杵柄」が通用しないのがワインの世界です。なにしろ、温暖だと思っていた産地から冷涼気候さながらのワインが生まれ、認識していた品種個性が過去のものとなり、造り手の名前も変わり、消費者の嗜好も5年も経てば様変わりしているのですから。ソムリエとして「先入観は悪、固定観念は罪」と自らに注意をしています。

ソムリエ
Memo
20

多様化するソムリエ

ソムリエも時代の流れの中で大きく変わりました。レストランでワインをサービスしているのがソムリエという認識は今も昔も変わりませんが、国際的にはワインの販売、流通、アドバイス、教育に関わる職業すべてがソムリエと定義されており、ソムリエ協会でもそれに倣っています。つまり、ソムリエの職場はレストランに限定されていないのです。

２０１７年のアジア・オセアニア最優秀ソムリエコンクールの出場選手は勤め先も、レストラン以外が多数でした。ワインの輸入、コンサルティングやショップの経営、ワイナリーで働いている人もいます。パーソナルソムリエも誕生しています。膨大なコレクションをもち、それを日々振る舞っている富裕層がそのワインの管理、ディナーのサービスのために個人的にソムリエを雇うのです。出張ソムリエともいえます。大手通販サイトではユーザーにアドバイスをするために専属のソムリエを採用して話題になりました。地下ワインセラー付きの高級マンションではそのセラー管理人としてソムリエがいます。

現場第一と考えるソムリエの先達、熟練のお客様からは「けしからん」と言われてしまいそうですが、プロフェッショナルとして真剣に真摯に努めているかどうかのほうが大切だと思っています。

ソムリエ
Memo
21

世界最優秀ソムリエコンクール

国際ソムリエ協会（ASI）が3年に一度開催するソムリエのワールドカップです。加盟55カ国（2018年）より各国1名、加えて同じく3年に一度開催の大陸大会（ヨーロッパ、アメリカ、アジアオセアニア）の各優勝者を加えた約60名（オブザーバー参加含む）が3〜4日間、世界最優秀ソムリエの称号をかけて競います。

審査員は歴代の世界大会優勝者が中心で、極めて高度な筆記試験、テイスティング、サービスのタスクが課せられます。各選手は文字通り、人生をかけて挑みます。生半可な覚悟と準備では到底通用しません。3年越し、6年越しで準備をします。可能な限り、産地を巡り、海外のテイスティングおよびブラッシュアップになるイベントに参加します。テイスティングはやってもやっても足りることはありません。1日で100種類以上テイスティングすることも珍しくありません。日々の現場でもコンクールを想定し、常に審査されているという意識でサービスにあたります。本番では常に時間制限がありますから、それも意識します。赤ワインのデカンタージュを何分でできるか、15名分のシャンパーニュを均等に注げるかなど、訓練します。

コンクールは現場とはかけ離れたドラマではありません。「ソムリエとしてこれまであなたが培ってきたプロフェッショナリズムを見せてください」というのがコンクールです。付け焼き刃や一夜漬けは一切通用しない、まさにワールドカップです。私は3度出場しましたが、その精神、準備は1995年東京大会優勝の田崎真也さんから教わりました。仕事も辞め、借金覚悟で臨みます。家族はたまったもんじゃありません。スポーツ競技と違い賞金は出ません。仮に好成績を出しても、すぐに収入があるわけでもありません。そういった意味でコンクールの準備の一番はまず家族の理解、仕事の整理となります。仕事を辞めないと出場できないわけではありません。職場の理解、応援が得られ、休みを許してもらえるなら幸運です。私の場合、2回はホテルニューオータニ（赤坂）およびトゥールダルジャン（ホテルニューオータニ内）の理解が得られ、特に2回目の2000年大会の時は3カ月前からディナー営業のみの出勤、1カ月前から完全に休みをいただきました。3回目の2016年はさすがに16年のブランクがあったので、半年前から仕事を控え、2カ月前にはパリでレストラン研修のため1カ月、帰国後1カ月はマンスリーアパートに住み込み、ひたすら勉強をしました。

朝6時起床、海藻スープを飲んで勉強を始めます。9時の朝食は「記憶力が上がる」といわれてから信じて食べ続けた、納豆トマト（納豆と刻んだトマトを一緒に混ぜる）とご飯。勉強はIQが上がるといわれるモーツアルトを流しながら。効果が上がったかは定かではありませんが、加えて、ショパン、チャイコフスキーはよかった気がしています。まあ気休めがほとんどです。

睡眠は5時間と決め、眠くなると効率が落ちるので寝ますが、早く寝た分、翌朝早く起きます。周囲からのサポートがなくては成り立ちません。先輩ソムリエの中本聡文さんにメンターになってもらいトレーニングをつけてもらいます。筆記試験は高度なだけでなく、日本には入っていないような酒類、飲料についても出題されます。いくら覚えても十分ではないのです。しかも覚えれば覚えるほど、同時に頭から抜けていきます。

「これでは勝てない」、そんなストレスとプレッシャーと付き合いながら日々過ごします。そんな心境を例えるなら、真っ暗なトンネルをひたすら走っているようなものです。はるか先に小さな一点の光が見える、でも見えなくもなる。隣のトンネルでも誰か走っている。自分は先にいるのか、遅れているかも分からない。そんな状態です。

そんな状況と今（2019年3月）、闘っている、二人の日本代表がいます。森覚さん（41歳）と岩田渉さん（29歳）です。二人とも間違いなく10年に一人の逸材です。森さんは4大会連続出場という鉄人、岩田さんは全日本に初出場で優勝をすると、アジア・オセアニア大会でも優勝。目を見張るスピードで世界の舞台へと駆け上がっています。ベテランと新星が日本ソムリエ業界の柱となっています。

13

クールなワイン

クールな産地、クールなブドウ品種、
クールなワインとは?

注目は古くて新しい生産国。

これから求められるワインのスタイル。

”

「1万円かぁ」

世界的な資格であり、ワインのトッププロであるマスター・オブ・ワイン（MW）によるワインセミナー。高額だけどすぐに満席になるらしい。つまりそれだけ人気で、ためになるということだ。MWはワインのMBAともいわれ世界で380名（2018年）しかいない希少な存在だ。受けてみよう！

セミナー当日。いかにもワイン勉強していますオーラが出ているただ者ならぬ顔ぶれが会場前方を取り合うかのように陣取っている。「そんなにすごいのか…」。会場後方には講師であるMW、大橋健一さんがアシスタントらしき女性と話している。「サリー、しっかりやれよ」。サリー…日本人じゃないのか。さすがインターナショナルだ。

セミナーが始まった。壇上に小走りで駆け上がり、ミネラルウォーターを一口飲むと、落ち着いた口調ながらも力強く、そしてテンポよく話し始めた。パワーポイントを巧みに操りながら進められるセミナー。スクリーンを撮るシャッター音がこだまする。パワーポイントの文字はすべて英語。世界的なプロならではということだろうか。

セミナー中、何度となく発せられる「クール」という言葉。クールな産地？　クールなブドウ品種？　涼しい産地ということか、涼しいブドウ品種って？

“

基礎
LECTURE

クールなワインとは？

マスター・オブ・ワインは英国の資格で、高度な知識、テイスティングスキルに留まらず、ワインビジネス、マーケティングにおいて卓越していて、生産地のプロモーション、生産者、ホテル・レストラン、スーパーマーケットなど各方面への購買コンサルティング、ワインの評価、啓蒙、教育、出版活動などを行い、多大なる影響力を与えます。彼らが注目、評価することでトレンドが生まれてもいます。MWだけでなく、世界のプロフェッショナルからよく聞く言葉が「Cool」です。カッコいい、最高といった意味で使われる言葉ですが、ワインの場合には「今注目すべき」という意味を含んでいると理解しています。以前は「Hot」が注目のモノやコトに付けられる形容詞でしたが、嗜好の変化により、「Hot」より「Cool」のほうが現代的には求められる性格になっているということでしょう。

【土着品種】

第3章で触れたように、シャルドネ、カベルネはもちろん、リースリング、ソーヴィニヨン・

ブラン、ピノ・ノワール、シラーなどメジャーな品種は世界中で栽培されています。また技術や情報の共有により造られるワインは似通ったものになっています。つまりグロバリゼーションが進んだ、それはいわば均一化された個性、アイデンティティの喪失ともとることができます。
そこで起きているのが土着品種への回帰です。昔ながら植えられてきたその土地ならではの品種に注力し、その土地ならではのワインを造ろうとするものです。

注目の土着品種

●白ブドウ

アルバリーニョ（スペイン／ポルトガル）
ゴデーリョ（スペイン）
チャレッロ（スペイン）＊スパークリングワイン
アシルティイコ（ギリシャ）
アルネイス（イタリア）
カタラット（イタリア）
ファランギーナ（イタリア）
グレコ（イタリア）

グレカニコ（イタリア）
フィアーノ（イタリア）
インツォリア（イタリア）
ヴェルメンティーノ（イタリア）
アリント（ポルトガル）
アンタン・ヴァス（ポルトガル）
エンクルザード（ポルトガル）
グリュナー・フェルトリーナ（オーストリア）
甲州（日本）
ルカツテリ（ジョージア）
キシ（ジョージア）

●黒ブドウ

カベルネ・フラン（フランス／カナダ）
カリニャン（フランス／チリ）
サンソー（フランス）

ガメイ（フランス）
トゥルソー（フランス）
アリアニコ（イタリア）
フラッパート（イタリア））
ネレッロ・マスカレーゼ（イタリア）
アレニ（アルメニア）
メンシア（スペイン）
カダルカ（ルーマニア）
マスカット・ベイリーA（日本）
パイス（チリ）
プラヴァッツ・マリ（クロアチア）
ララ・ネアグラ（モルドバ）
サペラヴィ（ジョージア）
トゥリガ・フランカ（ポルトガル）
クシノマヴロ（ギリシャ）
ツヴァイゲルト（オーストリア／日本）

【New / Old World】

注目の土着品種で出てきた国にはワイン生産国として馴染みのない国がいくつもあったと思います。

ワイン生産の中心である、フランス、イタリア、スペインといった伝統国（オールドワールド）、それらの国々からワイン造りがもたらされたニューワールド、そして古くからワイン造りをしていながらもマイナーな存在にならざるを得なかった中央〜東ヨーロッパの国々です。ワインはこのエリアのほうが歴史は古いのですが、政治経済の不安定、紛争、内紛、支配などにより本格的なワイン造りが行われてこなかったという経緯があります。１９８９年のチャウシェスク政権および１９９１年のソビエト連邦の崩壊などにより、国際市場に向けたワイン造りが徐々に始まりました。

そんななかでも特に品質向上が目覚ましいのは、ジョージア、モルドバ、ルーマニアといった非常に古い歴史をもつ国々。ギリシャ、セルビア、クロアチアといったバルカン半島諸国。これらの国は気候風土においてワイン造りには恵まれており、良質なワイン造りに大いなるポテンシャルがあるのです。品質志向に取り組んだ造り手から素晴らしいワインが生まれています。そして土着品種によるその国ならではのユニークな個性が魅力です。

【クールクライメイト】

文字通り、クールな産地です。先述の通り、今日求められるのはアルコールのヴォリューム豊かな、パンチのきいたグラマーなワインより、ドライできめ細か、酸味の際立った、すっきりと引き締まった後味のワインです。そういったワインを造るのは冷涼な気候（クールクライメイト）です。

もちろん、温暖な気候からもいいワインができますが、今日優位性をもっているのは冷涼気候であることです。前章の通り、より冷涼な気候を求めて、生産地域が広がっています。これまで温暖で天候の安定したことでブドウの成熟度の高さを誇ってきたニューワールドでその変化は特に顕著に現れています。

【非介入主義】

醸造、熟成過程において、人的介入、操作を極力抑えることを意味します。ワイン造りは子育てと本当に共通するところがあります。英才教育、徹底的なしつけ、放任主義…。この非介入主義は放任ともいえますが、観察はきちんとします。

「自然派」ともとれるところがありますが、仕上がるワインはクリーンかつピュアなスタイルになることが多いです。カリフォルニアで２０１１年に発足した36ワイナリーからなるグループ、IPOB（In Pursuit of Balance　バランスの追求）はカリフォルニアワインにおけるムーヴメントともいえる影響を与えました（2016年解散）。14度をゆうに超えるアルコール度数のオーバーパワー、オーバーオーク（木樽の風味が強く効いた）な従来型のワインに対して、バランスのよさ、エレガントなスタイルのワインを造ろうというものです。

これはカリフォルニアのみならず、オーストラリア、ニュージーランド、チリ、アルゼンチン、南アフリカでも見られる傾向となりました。過度な介入主義からの原点回帰ととることができます。

【香りよりテクスチャー】

ワインの個性を掴む、評価するという点において香りは非常に重要な要素です。それは今も変わらないことですが、「香りよりテクスチャーを重視している」という言葉を造り手からよく聞くようになりました。口中での触感、食感です。クリスプ（快活）、なめらか、ジューシー、メロウ（円熟）、シームレス（継ぎ目のない）といった表現がそれに当たります。香りは控えめなのに、味わうと奥行き、豊かさがジワリと出てくる、そんなワインを目指しているのではないかなと理解しています。

【UMAMI】

ワインの表現で曖昧でありながら、よく使われるのがミネラルです。土壌のミネラル分に由来するとか、ブドウ品種がもつ特定的な風味ともいわれますが、曖昧さは否めません。ミネラルという表現はご法度だ、という意見もありますが、私もこの表現は使います。鉱物的、潮の匂いといった感覚的な風味がワインには確かにあるからです。

そんなミネラル同様に曖昧な表現としてよく聞かれるようになったのはUMAMI（旨味）です。日本特有の味覚要素は世界的な表現へと広がりました。おそらく多くの人たち（日本人以外の）は、「本当の旨味とはなんだろうか？」とどこか半信半疑なはずです。日本人にとって旨味は出汁。昆布やカツオ出汁による海の風味を伴った塩味と苦味になると思います。そこは欧米人とは違うのかなと思います。出汁を理解している人は極めて限られているでしょうから。いずれにせよ、UMAMIを感じるワインへの評価が高いのは間違いありません。

ソムリエTALK

ドリンクのトレンド

英国のメディア The Drinks Business が「10 Drink Trends in UK 2018/2019」を以下のように発表しました。

●ストーリーのある商品

歴史、文化、ガストロノミー、そして生産者の顔が見えるということで、語れるストーリーがあることが大切。

●ユニークな体験

クラフトジン、クラフトラム、さらに新たなアイディア、コンセプトの飲料や提供法による他ではできない体験。

●エコロジー、オーガニック

環境に対する配慮はますます高まっています。エコフレンドリーな企業、店舗、商品が益々注目されるでしょう。商品のトレーサビリティという点、環境保全の観点からもオーガニックは切っても切れない要素になっています。

●オーセンティックよりアクセシビリティ

王道と呼ばれる、いわば近寄りがたい存在のワインよりも、フレンドリーで安心できる安定した造りのワイン。かしこまるよりも、カジュアルに楽しく飲めるワインが人気を集めています。

英国しかり、アメリカでのワイン消費にお

いて若い世代の存在感が強いです。そこは日本とは大きく違う点です。日本のワイン消費の中心は50歳前後の世代で、オーセンティックなものを求める傾向があります。若い世代は重いもの、力強いものを求めないのは日本も同じです。

簡単にいえば、分かりやすく、飲みやすいものということです。しかし、その商品がもつストーリー、ユニークさ、トレーサビリティには注視します。このトレンドに関するレポートは大変信憑性があるものだと思いますし、日本でも緩やかながらも、その傾向は次第に高まるものといえるでしょう。

ソムリエ Memo 22

食と消費者

消費者の嗜好の変化も顕著に表れています。辛口で（糖分が少なく）、より軽快で飲みやすさのあるワイン造りが目立ってきています。これは現代人の嗜好とリンクしており、アメリカでは「コーラ世代からミネラルウォーター世代へ」とミレニアル世代を表現しています。

甘いもの、コクのあるものから、ピュアでスムース、より健康的なものへとスイッチしていることを表現していると思います。ワインにおいてもその嗜好は顕著に表れています。和食ブーム、健康志向、ダイエットなどにより、そういったワインが求められていることは偶然の一致ではありません。このような変化はここ5〜10年ほどで起きた変化です。

日本では長いことフランスワイン傾倒の嗜好が続いていますが、30〜40歳代にその傾向はあまり見られず、未知のもの、発展途上のものにも寛容なように感じます。食事の仕方も大きく変化していて、3〜4時間かけてフルコースを食べることは少なくなっていくはずです。ミシュランガイドが居酒屋、焼き鳥、ラーメンといった店舗を掲載しているのは、そんな背景があるものと察することができます。

ソムリエ Memo 23

低アルコール

先述のThe Drinks Businessのトレンド予測でも出ていたのが、低アルコールへの興味です。

ノンアルコールビール、ノンアルコールワインの売上は伸びているそうです。アルコールによる健康被害の懸念が理由の一つとして挙げられます。ワインについてもアルコールのより低いものが増えています。以前は糖度が高まることがブドウの成熟、つまり価値を示すものと考えられており、その糖分がアルコールの価値に変わりました。アルコール度数、14、15度といったワインが1990年代は一つの価値のようになっていました。

しかし、現在は11度、12度と記載されているラベルを見つけられるようになりました。放っておけば14度を超えるくらいに熟すところを早摘みをするなどして、あえて低く抑えているのです。そういったワインは非常にスムースな飲み心地ながらも香り、味わいは充実しています。

顧問を務めるホテル雅叙園東京の90周年記念イベントとして、パリで日本酒をサービスするという機会に恵まれました。来場するのはフランス在住の人だけでした。シャンパーニュやワインがないので、「それではSakeを」となるのですが、ほとんどの参加者が日本酒には不慣れです。日本では「Sakeが世界でブーム!」と報じられていますが、そんな状況でもあるようです。「お勧めをお願いします。ところでアルコール度数は?」と度数について気にかける人が非常に多いのです。「15度です。こちらは17度です」と答えると、例外なく渋い表情をされました。飲むのを止めてしまう方もいました。それだけ15度を超えるアルコール度数は彼らにとって難しいものなんだと痛感しました。

14

テイスティング

テイスティングとは
ワインのプロファイリング。

テイスティングで
ポジティブ思考を養う。

ワインの感想で避けるべき表現は?

”

認定試験がいよいよ迫ってきた。分厚い教本と格闘した半年間。迷いに迷ったがスクールには通わなかった。アルファベットは苦手ではないが、各国の産地を覚えるのは当然、その国の言語になる。ドイツ語は厄介だった。やたら長いし。イタリアやポルトガルのブドウ品種の多さには手を焼いた。その点、ニューワールドは覚えやすかった。紆余曲折の長い歴史の中で育まれた国々に対して、急速に発展を遂げた国々には明解さがポイントだったということか。

テイスティングは全く自信がない。一次試験をパスしたら、スクールに通ったほうがいいか。ソムリエ協会が「テイスティングのコツ」をテーマにセミナーを開いている。ぜひ行ってみよう。会場は目黒のホテル。すごい数の参加者だ。開場と同時に小走りで席を取りに行く人まで。講師はソムリエ世界大会の日本代表に続けてなっているだけあり人気だ。ソムリエというより教師のような落ち着いた語り口の講義は大変分かりやすい。とてもよくできたパワーポイントを使いこなしている。すごい情報量だ。時折はさんでくるジョークに思わず声を出して笑ってしまったが、周りは誰も笑っていない。笑っちゃいけなかったのか…。

それにしてもテイスティングは奥が深い。聞いたこともない語彙を連発する講師。でもなぜか分かったような気になってしまう。いや、こんなことではいけない。自分がコメントをきちんとできるようにならなきゃいけないんだ。

後日、会食が汐留のホテルであった。講師の方がシェフソムリエを務めている。レストランを覗くと、片隅に一人、目つきのすわった男性。ブラインドテイスティングをしているらしい。

「以前に会ったような。でもなぜここで…」

試験もブラインドだ。それもブドウ品種を当てなくてはならないのだ。

基礎
LECTURE

テイスティングとはなにか

ワインを職業にする者にとってテイスティングは業務であり、常に磨き上げていくべき能力です。


【テイスティングの目的】

テイスティングには買い付け、活用、サービス、ワインの分析・理解・評価、スキルアップなど様々な目的があります。テイスティングにより自分の好みのワインを見つける、ワインを楽しむ、というのもその一つにはなりますが、ソムリエという職業においてそれは含まれません。ワインをテイスティングして、「美味い」はプロが発するべき言葉ではないのです。またどんなに希少で高額であっても飲み込みません。それは飲酒なわけで、業務中に飲酒が許されないのは当然のことです。

テイスティングの目的は以下の通りです。（日本ソムリエ協会教本より引用）

1　自分の嗅覚、味覚の能力を知り、経験を積むことによって、さらに自分の能力を磨く。
2　テイスティングで感じたことによって、ワインのヴァリエーションを知る。
3　ワインを分析し、記憶する。
4　ワインの欠点を探すのではなく、個性及び特性を知る。
5　感覚を言葉で表現することを身に付ける。

テイスティングにより、無数にあるワインの特徴を掴み、それを言葉で的確に表現する。これを繰り返すことで能力を向上させるのが目的です。この5番目の目的は大変尊いことだと感じています。香りや味わいの成分の測定なら機械やＡＩのほうが遥かに長けています。しかし自らの感覚で得たものを言葉にするのは人間だからこそできることですから、大切にしていきたいものです。これは普段から意識をするとよく、朝、家を出て「空が澄み渡って高いな」とか、「どこか春の雰囲気を感じる」と感性を使うことです。

いくつかの研究者、研究機関が「テイスティングは脳に好影響を与える」と発表しています。嗅覚、味覚といった感覚器を駆使し、感覚を言葉に表すということは脳にいい刺激を与えているのです。

【分析】

それでは具体的にテイスティングでは何を見ていくかをお話ししましょう。テイスティングはワインのプロファイリングといえます。まず、ブドウが育ったのはどんな環境か。気温の高いところなのか、低いところなのか。日照時間は長いのか。標高の高いところなのか、沿岸部なのか。つまり生産地について考えます。

続いて、どんなブドウ品種なのか。白ブドウでは、アロマティックなのか、ニュートラルなのか。黒ブドウでは、果皮が厚く小粒なフェノリック（色素、タンニンが豊富）なのか。その反対か。そこからブドウ品種を絞り込んでいきます。次にどのような栽培をしたのか。ここは非常に難しい部分ですが、収量が多いのか、抑えているのか。収量が多いというのは1本の樹に房をたくさん付けるということです。樹から供給される栄養分をより多くの房で分け合えば、それぞれの成分（芳香成分、ポリフェノールなど）は少なくなります。結果、風味の乏しいワインとなります。対して、房を限定すればより凝縮したブドウが穫れます。

次に醸造について。伝統的醸造と現代的醸造に大別できます。具体的にいうと、前者は醸造過程において酸素との接触が多い、好気的醸造といいます。後者は酸素との接触を極めて抑えた、嫌気的醸造です。仕上がるワインは、前者は広がりがあり、深みのある風味となります。後者は、フレッシュで引き締まった印象となります。

最後に熟成です。熟成をさせていないのか、させているのか。その期間はどれくらいか、また木樽を使っているのか、それは新樽か古樽か。

つまり、どんな環境で育ち(生産地)、どんなタイプで(ブドウ品種)、どのように育ち(栽培)、教育(醸造)、しつけを受けたか(熟成)を分析、推測することで、行動特性を知り、予測するプロファイリングなのです。ワインの場合には、結果として、今どういう状態で、どんな特性をもち、どのようにサービスし(味わう)、どんなオケージョン(楽しむ)がいいかを考えるのがソムリエのテイスティングに求められることになります。特性とは飲むのに最適な時期、温度や空気接触、相性のいい料理であり、オケージョンは最適な季節、集まりなどです。

【テイスティングの語彙】

テイスティングで用いられる語彙にはすべて意味があります。「ただそんな香りがするから」ではありません。また個人的な経験に基づくものでもありません。「私の実家の近くに豆腐屋さんがあって、おからを炊いている時にいつもする香りがします」といっても、その香りはどこに由来するものかを説明できないと意味がないのです。「ラズベリーのような香りはブドウ品種の個性でメルロー種によく感じられる」、「丁字の香りはフェノール由来で、甲州特有のものである」といった具合です。

味わいの表現もしかりで、「〝溌剌とした〟は酸味に対して用いられる語彙で、酸味がはっきりとしていてフレッシュ感のある状態」、「〝グラマー〟はボディの表現で、甘みがあり、アルコールのヴォリュームが豊かなリッチな印象」など。

ただ表現するだけ、言ったらおしまいではなく、それはどういうことか、何を示しているかが大切なのです。言葉ですから、時代と共に流行ったり、使われなくなったり、古くなったりします。前章で取り上げた〝クール〟などはまさに現代的な語彙です。また以前はよく使われていたのが現在はネガティブな表現として認識されるようになったり、反対にネガティブな印象を与える表現がポジティブに使われるようになったというものもあります。

【ポジティブ思考】

テイスティングコメントは基本としてポジティブな姿勢で行います。理由は二つあります。まずソムリエはワインをお客様に楽しんでいただくために存在しています。「このワインはまだ固い」、「酸味が目立ってしまっている」、「香りの充実度に欠ける」といったことを聞いていて、楽しいと思う人はいません。それぞれの要素を個性と理解してポジティブな表現を心がけます。ソムリエはワインの評論家ではないのですから。個性を掴み、そのワインに合ったサービス、料理、適切な説明で、活かすことがソムリエの使命です。言い換えれば、大変特徴的で好みが分かれるようなワインでもソムリエにかかれば美味しくなる、というのが理想なのです。

もう一つの理由ですが、「色は濃くなく、フルーツや花の香りは少なくて、木樽の香りもありません。酸味はあまりあるほうではなくて、渋みも強くはありません」といったコメントをする方がよくいます。コメントをしているようで、実態が全く分からない内容です。インタビューで「別に」と答え続けるようなものです。

コメントは「ない」ではなくて、「ある」と言うべきなのです。もちろん、ないものをあると言ってはいけませんし、ポジティブといっても大げさな表現はよくありません。テイスティングの極意は「探偵のように探り、法律家のように語る」と教わったことがありますが、まさにその通りです。

ソムリエTALK

テイスティングのオケージョン

テイスティングをする、コメントをする場合のオケージョンの話をしたいと思います。つまりワインについて語る際のＴＰＯです。まずソムリエの認定試験でのテイスティングはフルコメントといって、外観、香り、味わい、そして合わせる料理、サービス温度やグラス、熟成のポテンシャル、そしてブドウ品種、銘柄、ヴィンテージまで細かく言及します。これが基本になりますが、あくまでこういった試験の時のコメントであり、感情や感想より分析に徹します。

　お客様にワインを説明するのに「ラズベリーと牡丹の香りがします」と言っても伝わらないことが多いでしょう。ワインをご馳走になって感想を求められることがあるかと思いますが、そんな時に「ラズベリーの香りがします」と言っても感心されることはあまりないでしょう。オケージョンが合っていないからです。「ラズベリーや牡丹の香り、酸味が中程度で、渋みは少なめです」は小学生の日記のようなものです。「朝起きて、学校行って、夕ごはん食べて寝ました」。また「今日入社の方、どんな人？」と聞かれて、「目が大きめ、鼻が少し上向きで、唇は薄く…」とは答えません。「大人しそうな感じ、でも意志が強そう。

言葉は多くないないけど、よく考えて話す人」というほうがよく伝わると思います。ワインも「フレッシュ感があり、華やかな香り。スムースできめ細かな味わい」と言ったほうがイメージがしやすいはずです。

気を遣う相手にワインの感想を言うのは難しいところです。やはりここは感謝も込めて、褒めるのが礼儀でしょう。とはいえ、あまり過剰な表現や思ってもいないことを言っても相手は嬉しくはありません。長々と言うとボロが出やすいですから、一言二言がいいと思います。「凝縮した感じですね。渋みもしっかりしています」という感じです。NGワードは「さっぱりしている」、「飲みやすい」です。本当によく使われる言葉ですが、褒め言葉ではないどころか、聞いた相手はがっかりするでしょう。「さっぱりなのはお前のほうだ！」と内心思っていることでしょう。

「さっぱり」しているは「爽やか」、「酸味が心地いい」と言い換えましょう。「飲みやすい」は「バランスがいい」、「しなやか」。色を見て、「薄い」ではなく、「明るい」、「鮮やか」とコメントします。「余韻が長い」はとてもいい褒め言葉です。余韻はワインの価格（ポテンシャル）と比例しますから。

造り手とのテイスティングは我々にとって大変光栄で貴重な経験です。皆さんも山梨や長野に出かければ造り手の方にテイスティングさせてもらう機会があるでしょう。そんな時はやたらと褒め過ぎず（中には「もっと褒めて！」という造り手もいるでしょうけど）、ネガティブにならず、です。

一番よくないのは何も言わないことです。テイスティングさせてもらってコメントを言うのは礼儀です。言葉が出ないなら、「このワインは好みです」でもいいと思います。当然、ワインの説明を聞きながらテイスティングをしているのですから、その説明に絡めたコメントをするのがいいです。「この甲州は標高の高いブドウ畑のものです」に対して、「甲州にしては酸味が、はっきりしていますね」と酸味に注目すると会話も弾むはずです。「ヴォリュームを感じますが陽当たりがいいのですか?」といった質問がいいでしょう。造り手が嫌うのは他の造り手を挙げて比較すること。これはすべての対話でも共通することですよね。他人と比較されて嬉しい人はいません。

ワインに詳しくなると、ついつい自分が飲んだことがある、印象的だった、感動したワインを語りたくなります。その気持ちは分かりますが、聞いている人は楽しくはありません。目の前にあるワインについての感想を共有するのが一番です。

ソムリエ
Memo
24

ワインを職業として扱う

私はワインが好きだから勉強を始めたのではなく、一人前のソムリエになるためにでした。ワインは楽しむものではなく、勉強の対象ですので、好みは一切排除してワインと接してきました。そしてコンクールを目指す日々が始まるとワインは研究対象になります。結果、ワインを好き嫌いで考えないようになりました。

「これといって好きなワインがない」は、経験を積むにつれ、「ソムリエはワインを好きになってはいけない」という考え方に至るようになりました。ソムリエという職業においてワインは商品となります。商品に手を出してはいけないは、商売の鉄則です。またお客様にお勧めをするにあたり、自分の好き嫌いをもっていては成り立ちません。

以前、先輩がある大変希少なワインを頼まれて、在庫がないと断っていたことがあります。「あんな分かっていない客に売りたくない」というのです。その気持ちは全く分からないことはありませんが、商売としてはよくありません。

敬意を表するのも大切です。ブルゴーニュの著名な造り手、ドミニク・ラフォンさんとテイスティングした時のことです。一つ一つ、丁寧な説明をしてくれました。最後はモンラッシェでした。世界最高の白ワインです。ラフォンさんは「プロのテイスティングはここまでにしましょう」といって美味しそうに飲み干しました。

田崎真也さんが主催するブルゴーニュのテイスティングに呼んでいただいた時のことです。数十アイテムをテンポよく進めていくなかで、

「このワイン、7万円」とたしなめられました。テイスティングを終えたからといって、あまりにあっさりとグラスに残ったワインを吐器にあけた私に、それはどうかと思われたのです。最も緊張する相手とのテイスティングに私はワインに対する敬意、尊重の念を失っていたのです。

以来、ソムリエの業務に徹すること、ワインおよび造り手、その周囲の人たちとその仕事に対する敬意をもつこと、そしてお客様というソムリエにとって重要な要素を、メリハリをつけ、かつバランスをとることを心がけています。

ソムリエ
Memo
25

ブラインドテイスティング

その名の通り、銘柄を伏せてテイスティングを行うことです。当然、銘柄を見事言い当てたらスゴイということになりますし、「銘柄当て」に執念を燃やしている愛好家もいらっしゃいます。レストランでも「ワインはブラインドで出してください」と頼まれることもあります。ワインを持ち寄りブラインド大会を開いている人たちもいらっしゃると聞きます。

ブラインドテイスティングの本来の目的は銘柄を当てることではありません。先入観をもたずにテイスティングするためです。先入観は判断に大きな影響を与えます。世界最優秀ソムリエのセルジュ・デュプスさんによるセミナーに参加した時のことです。アルザス・ピノ・ブランという白ワインが出され、コメントを参加者に求めました。続いてブルゴーニュのプイィ・フュッセの上級銘柄が出され、また皆でコメントをしました。「比較してみると別格の品質だ」、誰もがそう思いました。すると「中身は実は一緒でアルザス・ピノ・ブランをプイィ・フュッセのボトルに移し替えたのです」と。少しでも経験をした者なら間違えるはずのない二つのワイン。先入観があることで、過少または過剰な評価が入り、誤った判断をしてしまうのです。

「銘柄当て」では多くの人が、経験と記憶に頼り、感覚的に判断をします。「この香りはシラーだ。シラーでもフランス・ローヌ地方、おそらくエルミタージュ」といった具合です。頻繁にやっている人は確かによく当てます。

一方、本章で説明したテイスティングではアプローチを重視します。感覚よりロジックです。外観、香り、味わいをフォームに則り見ていきます。そして以上の結果、ブドウ品種は、銘柄は、ヴィンテージは、と結論を出します。このやり方においても最後は感覚、経験、記憶を使うわけですが、重要なのは、結論は理論的に出されたものかどうかです。ここが乱れてしまうことが多いです。

アプローチにおいてはローヌ地方のシラーの特徴をコメントしていながら、「ボルドーのカベルネです」となってしまうことがよくあります。つまりコメントしながらも、頭の中は違うことを考えてしまっているのです。それが当たることがあります。しかし、コンクールなどではマイナス評価になります。理論的でもないし、テイスティングセオリーができていないと評価されてしまいます。銘柄当てでは当たればすべてよし、ですから、ブラインドテイスティングと銘柄当ては、似て非なるものなのです。

15

多様化するワインの楽しみ方

ワインがもたらす繋がり。

スマートなワイン会と
持ち込みマナー。

ワインを購入する時の、
相談ポイント。

”

「論述問題もあるのかぁ。知識だけでなく見識も求められるんだ」

ワインエキスパート呼称資格認定試験合格の喜びの余韻に浸りながらも、上級資格であるシニア試験（「エクセレンス」に2019年より呼称変更）の内容をチェックしてみた。「日本においてワイン愛好家を増やすためのアイディアを3つ提案…、もはや一般人ではないな、この領域は。合格者は20人くらいしかいない」。こういう試験は難しくて、限られた人しか合格できないからこそ価値がある。次はこれだ！

ワインを学べば学ぶほど、多方面での繋がりができて、まさか会えるはずのない人にまで会えるようになった。この間は、ソムリエ協会のイベントに参加して、ソムリエ世界一、テレビでもよく観る、有名な田崎真也さんともお話しできた。いい声していたなあ。今は日本酒に注力していてSake Diplomaという資格試験も始まったそうだ。

学んで楽しくなる、繋がりができる、楽しみが広がるんだな。確かにイベントの参加者、ホントに色んなジャンルの人たちが来ていたな。

飲み仲間が増え、各所からお声がかかるようになった。ワイン会もいい加減断らないと妻に言い訳がつかない。ワイン会というと嫌な顔されるから、シンポジウムに参加してくるって言おうかな、ワイン付きの。

「ねえ、このカードの利用明細のワールドカルチャーセラー5万円てなに？ワインのショップサイトよね、こんな高いの買って、そのシンポジウムだっていう飲み会に持っていくつもりなの?!」。

覚えが全くない。おそらく先週のワイン会、すごく楽しくて、家に帰ってからも1本開けながら調子に乗ってネットでポチッとしちゃったんだな。

“

基礎 LECTURE

多様化するワインの楽しみ方あれこれ

【時代を映すワイン】

ワインは政治経済、世相を反映する、といわれます。最初の大きな発展のきっかけはキリスト教です。ワインはキリスト教を象徴する飲み物として、信仰の拡大と共に広がりました。そして中世、修道院によりワインの品質が向上します。ヨーロッパ各地の歴史的な銘醸畑はこの時代に確立、認知されました。

そして大航海時代、世界中に広まります。遥かなる大地を求め新世界へ入植した開拓者によりワイン造りはもたらされました。文字通り、ニューワールドが創生されたのです。産業革命期、鉄道、ガラス瓶、コルクの普及により、流通が拡大、ワインがもつ熟成の可能性という大きな特性をさらなる魅力としました。

さらに、ITにより情報、ノウハウは広く伝承され、各生産地域では著しく品質が向上しました。それはグローバル化でもあります。一方、戦争、イスラム教徒侵入、オスマン帝国拡大、病害虫、経済危機、ソビエト支配などによって、後退する時期もありましたが、ワインの世界は絶えず発展を続けてきました。

【新しい生産国】

今後も発展の可能性を大いに秘めています。第13章で挙げた注目の生産国に留まらず、第三国またはニュー・ラティテュード（緯度）と呼ばれる、栽培適地とされている緯度30〜50度には位置していない生産地の台頭が注目されています。地球温暖化の恩恵を受けて、英国、ポーランド、オランダ、デンマークといった寒冷地、チリは北へ南へと生産地域を広げ、南氷洋の影響を受けるパタゴニアが世界最南端の生産地になろうとしています。

また緯度の低い温暖な地域でのワイン造りも本格化しようとしています。ブラジル、タイ、インド、ミャンマー、ベトナムといった国々です。また、アパルトヘイト撤廃により大きな発展を遂げている南アフリカでは労働力ということではなく、黒人が所有、経営に参画しているというワイナリーも出てきています。

【ワインシーンの変化】

ミサ、修道院、宮廷、レストランとワインを飲むシーンは時代と共に変わってきました。飽食の時代といわれる現代では、より豊かでユニークな時間を過ごすために、飲料の重要性はますます高まっています。ストーリー性、オーガニック、クラフトといった点からも、ワインはその中心にあります。

そしてよりカジュアルにリラックスして楽しまれるようになっています。ソムリエがソムリエコスチュームから平服（スーツ）、カジュアルウエアへと服装を変えているのもそういった流れを反映しているのです。

仲間同士でワイワイ楽しむというシーンはますます増えていっています。フランスでも大変流行したアペロ。フィンガーフードと共に軽快な白やロゼを楽しむ。パリの本屋ではアペロに関する本がズラリと並びました。加えてタパス、ピンチョス、グランピングの流行に象徴されるようにこのフィンガーフードをのんびりつまみつつ、ワインを楽しむスタイルが今後人気を高めていくはずです。

缶という新しい容器の人気も高まっています。オープナーもワイングラスも不要という手軽さが様々なシチュエーションに合っています。リサイクル、リユースが難しいガラス瓶に対して、エコロジーという観点でも注目されているのです。この缶入りワイン、日本でも伸長をみせています。高級スーパーでとてもよく売れているというのです。いつもと少し違って気が利いているものといったニーズのようです。

内食傾向は、しばらくは続いていくでしょう。人気料理研究家、人気テーブルコーディネーターによる教室は大変盛況で、ワインエキスパートの資格取得者による自宅サロンも人気があります。形態は大きく違いますが、ワインはヨーロッパ伝統国では家庭料理と共に飲まれていたものですから、時代のサイクルとも理解することができます。

【ワインの購入】

日本では、ワインはテーブルクロスの上でかしこまって飲む物でした。「ワイン＝贅沢品」という認識はこうして生まれたものです。日本における第四次ワインブーム（１９９０年頃）の時は、ワインを勉強しようにも、本格的なワインを見つけるのは困難でした。デパートで見つけることはできるのですが、フランスやドイツの有名銘柄がほとんど、勉強するには不自由な状態でした。当時すでに多くのワインが輸入されていましたが、一般に購入することはなかなかできなかったのです。酒類が仲介を通さないと購入できないというシステムは世界でもよく見られます。ワイン消費が本格化すると、ワインの品揃えの豊富な店舗が増えていきました。

そしてインターネットの普及により通販サイトが発展します。これにより、一般の人も様々なワインを購入することができるようになりました。愛知県のあるワインショップでは販売のほとんどがネットで、ユーザーは全国各地にいるといいます。今日、レストランやバーでも個人店ではネット購入をしています。ネット限定商品というワインもあります。２０１６〜２０１７年と日本のワイン市場は伸び悩みを見せていますが、ネットでは高額品も伸びているといいます。輸入商社でネットショップを開いているところも多く見つけられます。

入手しやすさはこの30年で格段に進歩を遂げました。アメリカでは仲介を通さずに直接取引によりワインのセールスが後押しされているそうです。日本では問屋制度の歴史が長く、定着していますのでなかなか進まないとは思いますが、緩やかな流れは生まれていくでしょう。

ソムリエTALK

15 ワイン会と持ち込み

ワイン愛好家の方が年中各地で開いているワイン会。実はこの歴史は古代ギリシャ時代に遡ります。シュンポジオンまたはシンポジオンと呼ばれる祝宴、饗宴を意味する食事会があったそうです。そこではワインが供され、参加者は哲学談義に花を咲かせたといわれています。その会でワインが平等に行き渡るよう気を配る役目をエノホーイと呼んでいました。ソムリエの原型もここまで遡るんですね。

ワイングラスを傾けながら、会話の花を咲かせるのは今も昔も変わりません。そんな会が日本各地で行われているのは大変いいことです。ワイン会にはいくつかのパターンがあります。ワインコレクターがワインを用意する、参加者が持ち寄る、レストラン、バーで店側がワインを用意する。一番多いのは二番目のケースで、ワインはレストラン・バーに持ち込むというのがほとんどかと思います。

私は参加者になることはありませんがサービスを担当することはあります。会というのはなんでもそうですが、仕切りが大切です。テーマや、ワインの価格帯、担当の振り分け（誰は白、誰は赤というように）、また参加者、配席も大事です。

このワイン選びに悩む人は多いと思います。

高額、希少なワインは喜ばれますが、目立ち過ぎてもいけませんし、みんなの反応が薄いと後悔します。物語のあるワインがいいですね。ワインがもつストーリーやトピック、個人的な思い出でもいいと思います。そういったワインはサービスする側も嬉しくなります。

ワインの順番も考えなくてはなりません。スパークリングやアペリティフ向きな白、ロゼからスタートして徐々に強くなるようにします。微妙な場合、価格やヴィンテージで決めます。もし飛び切りのアイテムがあるなら、お勧めは最初です。何種類も飲めば酔いも回ります。あまり覚えていなかったなんてこともあります。メインディッシュとの相性が思わしくないかもしれません。それではせっかくのワインがあまりにも残念です。最初であれば、飲み手のコンディションもベストですし、料理の影響もありません。グラスにはそのワインを残しておき、時折香りを嗅いだり、少し味わったりして、「すごく変わってきた」なんていうのも楽しいと思います。いわゆる偉大なワイン（グランヴァン）はグラスが空になってもいつまでも芳香が残ります。そんな楽しみもあるのです。

持ち込みについては、以前は多くのレストランがお断りでしたが今は受け入れるところが増えました。ポイントはやはりマナーです。持ち込みは店側にもメリットがあります。今日、価格高騰からグランヴァンを在庫するのが困難になりました。そんなワインがテーブルに載っている風景は大変いいものです。面白いことに持ち込みの周囲のテーブルにもそれが波及するのか、ワインがよく出ます。「呼び水」というものでしょうか。持ち込み料をいただける場合は、コストゼロで売上となります。丸々粗利益になるのです。

ソムリエとしてグランヴァンのサービスは経験値を上げるのにも大変有効ですが、懸念もあります。ワインセレクションは店の魅力の一つです。それを楽しんでいただけないのは残念です。そのワインに合う料理がないこともあります。そうなると料理も楽しんでいただけなくなります。

あと切実な問題としてグラスを何十個も使うことにもなりますから、営業に支障をきたしますし、片付けにも大変な時間がかかるということです。私はあまり経験したことがありませんが、持ち込みが原因で店側と客側でモメる、雰囲気が悪くなることも間々あるようです。そういったことを防ぐためにいいのは、その店の常連であることです。持ち込みの時しか使わないよりははるかに友好的かつ快適に過ごせると思います。ソムリエである私がお客様にリクエストするのはおこがましいのですが、「ワイングラスは2〜3個ずつでいいですよ」、「スタートのシャンパーニュとデザートワインはオーダーします」、「少し残しておきますのでよかったらテイスティングしてください」、「ワイン代の分、コースはいつもより高めでいいです」といった配慮をしてくださると「またぜひ」とこちらからも言いたくなります。全部やってくれという話ではありません。やはり信頼関係が大切です。

ソムリエ
Memo
26

ワイン購入法

知識があればいいのですが、そうもいかないとワインの購入は価格も決して安くありませんから悩んでしまうかと思います。そんな時のためにソムリエがいるのですから、遠慮なく相談していただければと思います。

専門的なワインショップでなくても知識のあるソムリエがいる店舗は多くあります。電話で相談に乗ってくれる通販サイトもあります。そんなサービスをしているサイトでなくとも、相談メールに対応してくれるかもしれません。どんなことを聞けばいいかというと、ワインを勧める側として知りたいことは以下の通りです。

1 予算
2 用途
3 好み
4 相手
5 食事

予算によりワインの銘柄はかなり絞り込まれます。要望が先行して、それが予算に合わないとお勧めが成り立ちません。価格帯の目安としては、自宅用（デイリー）2000円以下、おもてなし（週末）2000〜4000円、贈答5000〜1万円、希少銘柄3万円以上といったところでしょう。デイリー用を1500円、週末用を3000円、贈答用を5000〜8000円で見つけることも十分できます。

用途は重要です。贈答なのか、贈答ならお祝いなのか、日頃の感謝なのか。人をもてなすのか、持ち寄りなのか。つまりオケージョンはワイン選定の大きな要素になります。

好みは日頃から意識しておくといいでしょう。今はほとんどのレストラン・バーでは携帯で写真撮影ができます。これはいいと思ったワインを覚えておくのに活用しましょう。具体的な銘柄で好みを伝えるのは分かりやすいです。

相手も重要です。贈答用なら相手の年齢、職業も参考になります。バイタリティがある、人と同じことをするのが嫌い、新しいものが好きなど〝人となり〟も伝えるといいです。持ち寄りワイン会なら参加者の年齢層、ワインの習熟度、仕事仲間、学生仲間、初対面も多いなど参加者との関係性もいい情報になります。

そして食事について。カジュアルなのか、ご馳走なのか、立食でワイワイなのか、持ち込みならどんなレストランなのか。料理も大切ですが、こういった情報も有用です。

相談相手がいない、または対話をしないでとなるとワインを選ぶ前に品揃えのいい店を探すしかありません。種類が豊富ということではなく、ハズレの少ないワイン選びができる店のポイントは以下の通りです。

1　整理整頓されている
2　輸入元が偏っていない
3　真摯なPOP
4　ワインの扱いが丁寧
5　やたらディスカウントしていない

「ワインセラーは金庫と同じ」です。整理整頓はソムリエの使命です。店舗全体にワインが陳列されているワインショップでもそれは共通します。所狭しとワインがあるのと乱雑なのとは違います。管理が不行き届きな店には売れ残って状態の悪くなったワインも潜んでいますから、それを買ってしまってはいけません。

裏ラベルを見ると輸入元が記されています。

これが偏っているよりは様々な輸入元のものがある店は品質重視でセレクトしている証です。「売れています！」、「店長イチオシ！」、「〇〇誌で高評価！」といったキャッチーなコメントに終始したPOPより、香りや味わいのコメントやお勧め料理などが丁寧に書かれているPOPは信用できます。

ワインボトルの持ち方、ラッピングなど価格にかかわらず丁寧であるのは最低限です。年中「Sale」の店は信用できませんよね。やたらディスカウントにはワケがあるはずです。

ソムリエ
Memo
27

ワインのプライシング

かつてワインは入手困難、情報もなく、価格も分かりませんでした。それが現在はラベルの写真を撮るだけで情報も価格も瞬時に分かります。そして購入できるサイトも分かります。自宅でも美味しい料理と共に素敵な食卓で、本格的なグラスでワインを楽しむことができます。開けたワインの品質を何日間も保つ機器もあります。

そんななかで、レストラン・ホテルはこれまで通りのプライシングでいいのかということになります。飲食店経営の鉄則に、「FLコスト比率60％以下にする」というのがあります。FLコストとはF＝料飲原価、L＝人件費の合計でそれが売上の60％を超えると経営を圧迫するという大変重要な指標です。

「働き方改革」もあって人件費の高騰は逃れられません。料理は飲食店の競争において生命線です。食材コストを下げるのも慎重さが求められます。となると飲料のコストはできる限り抑えたいと考えるのは経営者の自然な心理であり、判断です。

しかし、これを踏まえてワインの原価率を25〜30%の価格に設定することになると、レストランでワインの価格がかなり高くなってしまいます。そういった経緯から、レストランローブでは原価率の基本は45%、高価格帯のものは60%で設定しています。在庫を持って、(食材のように傷まないとしても)なかなか売れずとも原価率を守るより、利幅が大きい商品と考え、在庫を現金化するという考え方です。

「ソムリエがその付加価値を出せばいいのではないか」、確かにその通りです。そのためにソムリエはいかにお客様を掴み、「あなたに注がれると美味しい」と感じていただけるよう精進を続けていかなければならないのだと思っています。

石田 博　いしだ・ひろし

1969年東京生まれ。90年「ホテルニューオータニ」入社、94年より「トゥールダルジャン 東京」配属。96年・98年の全日本最優秀ソムリエコンクール優勝、2000年世界最優秀ソムリエコンクール第3位入賞。その後、「ベージュ アラン・デュカス東京」総支配人、「レストラン アイ（現KEISUKE MATSUSHIMA）」シェフソムリエを経て、14年に再びソムリエコンクールに挑戦。14年全日本最優秀ソムリエコンクール優勝、15年アジア・オセアニア最優秀ソムリエコンクール優勝、16年世界最優秀ソムリエコンクールセミファイナリスト。その年の6月東京・東麻布「Restaurant L'aube（レストラン ローブ）」を開業。

（一社）日本ソムリエ協会副会長として人材教育を中心に活動。現在「ホテル雅叙園東京」顧問、「HUGE」コーポレートソムリエ。黄綬褒章受章（2014年）。著書に『10種のぶどうでわかるワイン』（日本経済新聞出版社）、『テイスティングは脳でする』（日本ソムリエ協会 中本聡文氏との共著）がある。

photo：櫻井めぐみ
撮影協力：ホテル雅叙園東京

著者　石田博
企画・編集　佐藤由起
装丁・本文デザイン　松川昭
校正　株式会社円水社
編集　川崎阿久里

ワインの新スタンダード

ワイングラスはもう回さない

発行日　2019年3月20日　初版第1刷発行

著　　者：石田博
発 行 者：井澤豊一郎
発　　行：株式会社世界文化社
〒102-8187　東京都千代田区九段北4-2-29
編集部　電話　03（3262）5118
販売部　電話　03（3262）5115
印刷・製本：株式会社リーブルテック

ISBN978-4-418-19301-1